utb 6245

Eine Arbeitsgemeinschaft der Verlage

Brill | Schöningh – Fink · Paderborn –
Vandenhoeck & Ruprecht · Göttingen – Böhlau · Wien · Köln
Verlag Barbara Budrich · Opladen · Toronto
facultas · Wien
Walter de Gruyter · Berlin · Boston
Haupt Verlag · Bern
Verlag Julius Klinkhardt · Bad Heilbrunn
Mohr Siebeck · Tübingen
Narr Francke Attempto Verlag – expert verlag · Tübingen
Psychiatrie Verlag · Köln
Psychosozial-Verlag · Gießen
Ernst Reinhardt Verlag · München
transcript Verlag · Bielefeld
Verlag Eugen Ulmer · Stuttgart
UVK Verlag · München
Waxmann · Münster · New York
wbv Publikation · Bielefeld
Wochenschau Verlag · Frankfurt am Main

Grit Zacharias (Hg.)

Studien- und Karriereplaner Maschinenbau

expert

Umschlagabbildung: photosoup@istockphoto.com

Bibliografische Information der Deutschen Nationalbibliothek
Die Deutsche Nationalbibliothek verzeichnet diese Publikation in der Deutschen Nationalbibliografie; detaillierte bibliografische Daten sind im Internet über http://dnb.dnb.de abrufbar.

DOI: https://doi.org/10.36198/9783838562452

– Ein Unternehmen der Narr Francke Attempto Verlag GmbH + Co. KG
Dischingerweg 5 · D-72070 Tübingen

Internet: www.expertverlag.de
eMail: info@verlag.expert

Einbandgestaltung: siegel konzeption | gestaltung
Satz: typoscript GmbH, Walddorfhäslach
Druck: Elanders Waiblingen GmbH

utb-Nr. 6245
ISBN 978-3-8252-6245-7 (Print)
ISBN 978-3-8385-6245-2 (ePDF)
ISBN 978-3-8463-6245-7 (ePub)

MIX
Papier | Fördert gute Waldnutzung
FSC www.fsc.org
FSC® C016368

Vorwort

Der Maschinenbau gehört zu den tragenden Säulen des technischen Fortschritts – in Deutschland, in Europa, weltweit. Für viele junge Menschen, die sich für Technik, Innovation und die Gestaltung der Zukunft interessieren, ist er daher ein spannendes und lohnendes Berufsfeld. Doch wie sieht ein Maschinenbaustudium konkret aus? Welche Wege führen hinein – und welche hinaus? Welche fachlichen Inhalte erwarten mich, und welche Spezialisierungen bieten besonders gute Perspektiven?

Der Studien- und Karriereplaner Maschinenbau richtet sich an alle, die genau das herausfinden möchten. Er bietet einen kompakten, zugleich fundierten Überblick über die Studiengänge im Bereich Maschinenbau – von Bachelor bis Master – und stellt dar, was Studierende inhaltlich erwartet. Branchenverbände geben Einblicke in aktuelle Entwicklungen, Herausforderungen und Zukunftsperspektiven der Industrie. Besonders anschaulich wird es in den Porträts von Praktikerinnen und Praktikern, die zeigen, wie vielfältig und lebendig der Berufsalltag von Ingenieurinnen und Ingenieuren in diesem Feld sein kann.

Praktische Tipps zu Studienwahl, Bewerbung, Berufseinstieg und Karriereplanung runden den Planer ab und machen ihn zu einem wertvollen Begleiter auf dem Weg in den Maschinenbau.

Wir wünschen Ihnen eine inspirierende Lektüre – und einen erfolgreichen Start in Studium und Beruf!

Inhalt

Vorwort ... 5

1 Die Maschinenbaubranche – ein Überblick ... 11

2 Maschinenbau studieren ... 25
2.1 Gründe ... 25
2.2 Hochschularten ... 26
2.3 Studienform ... 28
2.4 Grundlegender Aufbau eines Maschinenbaustudiums ... 32
2.5 Studium international ... 39

3 Praktikerporträts ... 49

4 Verbände ... 125
4.1 OWL MASCHINENBAU e. V. ... 126
4.2 Der deutsche ingenieurinnenbund e. V. – seit 1986 im Einsatz für Frauen in MINT-Berufen ... 129
4.3 Metall- und Maschinenbaunetzwerk MEMA ... 132
4.4 Verein Deutscher Werkzeugmaschinenfabriken (VDW) ... 138
4.5 VSI – Verband Schmierstoff-Industrie e. V. ... 141
4.6 Gesellschaft für Tribologie e. V. ... 144

Anhang ... 159

Index ... 167

Quellenverzeichnis ... 169

Bildrechte ... 171

1 Die Maschinenbaubranche - ein Überblick

„Eines Tages werden Maschinen vielleicht nicht nur rechnen, sondern auch denken. Mit Sicherheit aber werden sie niemals Phantasie haben."
(Theodor Heuss, 1884–1963, erster Bundespräsident der Bundesrepublik Deutschland)

263 Milliarden Euro Umsatz, ca. 955.000 Beschäftigte, 3.359 Patentanmeldungen für Maschinenelemente, 6,9 Milliarden Euro Investitionen, ca. 17 Milliarden Euro Innovationsausgaben, knapp 82.000 Studierende – diese Zahlen beschreiben die Maschinenbaubranche in Deutschland im Jahr 2023.[1] Der Maschinenbau gehört zu den führenden Industriezweigen in Deutschland; ohne ihn ist ein Leben in unserer modernen Gesellschaft nicht vorstellbar. Ob elektrische Zahnbürste, PC, Müllentsorgung, Tageszeitung, Buchdruck, Flugverkehr – in nahezu allen Bereichen unseres Lebens spielen Maschinen und Anlagen und damit auch deren Bau eine wichtige Rolle.

Der Maschinenbau umfasst als Ingenieurwissenschaft die Entwicklung, Konstruktion und Produktion von Maschinen und Maschinenteilen. Als ihr Begründer in Deutschland gilt Johann von Zimmermann, er baute ab 1848 in Chemnitz die ersten Werkzeugmaschinen. In den vergangenen 175 Jahren hat sich die Branche infolge mehrerer industrieller Revolutionen enorm weiterentwickelt und auch immer wieder gewandelt. Heutige Maschinenbauingenieure sind nicht nur Spezialisten für Konstruktion und Produktion, sondern auch für die Inbetriebnahme, die Instandhaltung oder den Vertrieb von Bauteilen, Maschinen und Anlagen in beinahe allen Industriezweigen – von der Energieerzeugung über Land- und Forstwirtschaft, Luftfahrt, Bauindustrie bis hin zur Papier- Druck-, Textil-, Chemischen oder Metallindustrie. Und die Entwicklung geht weiter: Auf dem 14. Deutschen Maschinenbau-Gipfel im November 2023 wurde betont, dass die Branche auch jetzt vor großen wirtschaftlichen und technologischen Herausforderungen steht. Neben den internationalen Krisen, geopolitischen Verwerfungen und steigenden Kosten sind es der Klimawandel, die Energiewende, die Themen Digitalisierung, KI, Industrie 4.0, Datensouveränität, aber auch der Fachkräftemangel und ethische Aspekte der Produktion – um nur einige Stichwörter zu nennen –, die in den nächsten Jahren und Jahrzehnten abermals zu deutlichen Veränderungen innerhalb der Maschinenbaubranche führen werden.[2] Um diesen zahlreichen Anforderungen nicht nur standhalten zu können, sondern um die neuen Entwicklungen konstruktiv und mit Phantasie mitzugestalten, um auf den internationalen Märkten auch künftig mithalten zu können, dafür braucht es hervorragend ausgebildetes, hochqualifiziertes Fachpersonal.

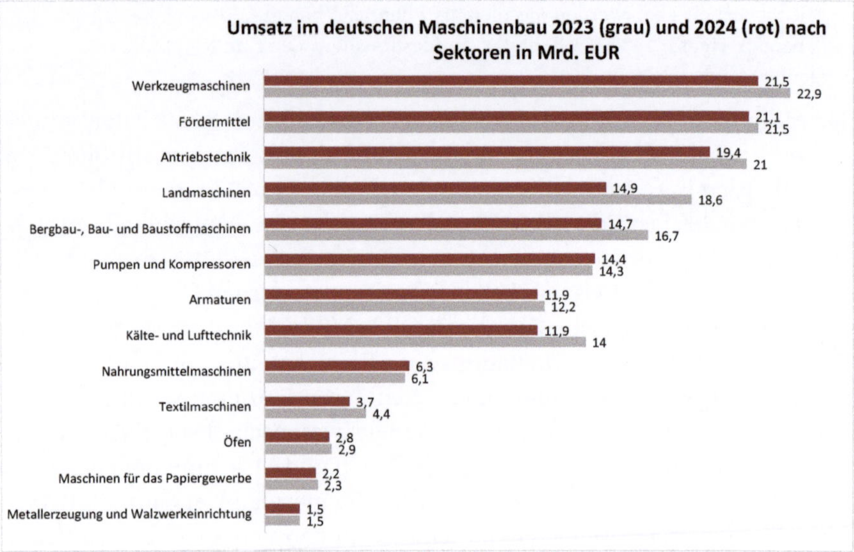

Umsatz im deutschen Maschinenbau 2023/2024 nach Sektoren[3]

Im Jahr 2023 wurden deutschlandweit 9.172 Maschinenbauunternehmen gezählt, fast zwei Drittel davon befinden sich in den Bundesländern Baden-Württemberg, Bayern und Nordrhein-Westfalen.[4] Die Unternehmen sind u. a. auf folgenden Gebieten tätig: Kraftmaschinen, Arbeitsmaschinen, Förderanlagen, Werkzeugmaschinen, Fahrzeugtechnik zu Land und Wasser, Luft- und Raumfahrttechnik, Sondermaschinen, Apparate, Geräte und des Rationalisierungsmittelbaus. Der Maschinenbau gehört als größter industrieller Arbeitgeber zu den wichtigsten Wirtschaftszweigen des Landes und neben dem Straßenfahrzeugbau, der chemischen Industrie und der Elektroindustrie zu den vier größten Industriezweigen im Verarbeitenden Gewerbe.[5] Die Branche ist sowohl in der EU als auch in Deutschland sehr stark mittelständisch geprägt – rund 97 Prozent der deutschen Maschinenbauunternehmen sind Kleinstunternehmen oder KMU, die restlichen 3 Prozent sind Großunternehmen.[6] Zu den umsatzreichsten Sektoren innerhalb des

Maschinenbaus zählen der Bau von Werkzeugmaschinen, die Antriebstechnik, Fördermittel sowie die Landtechnik. Im internationalen Vergleich agiert Deutschland neben China und den USA als eines der umsatzstärksten Länder der Maschinenbaubranche.

Die Maschinenbaubranche ist stark exportorientiert – der Exportanteil lag 2023 bei rund 79 Prozent[7] –, das macht sie natürlich anfällig für globale Ereignisse wie angespannte Handelsbeziehungen, weltweite Konjunkturschwäche, Ereignisse wie Pandemien oder den Brexit, tiefgreifenden Strukturwandel oder auch Energiekrisen. Aufgrund all dieser globalen Ereignisse hat die Branche in Deutschland seit 2023 mit Auftragseinbußen zu kämpfen – die Auftragseingänge sanken 2024 im Schnitt um 8 Prozent gegenüber dem Vorjahr –, allerdings lag der Auftragseingang im Februar 2025 rund 8 Prozent über dem Wert des Vorjahresmonats.

Der wichtigste Exportmarkt für Maschinenlieferungen aus Deutschland sind die USA, gefolgt von China und den EU-Ländern. Insgesamt hat Deutschland im Jahr 2024 Maschinen im Wert von rund 217 Milliarden Euro exportiert. Die drei wichtigsten Abnehmerländer im europäischen Ausland sind Frankreich, Italien und die Niederlande.[8] Im Gegenzug importierte Deutschland 2023 Maschinen im Wert von rund 93 Milliarden Euro[9], davon ungefähr ein Zehntel aus China.

Generell waren Kraftwagen und Kraftwagenteile mit 263 Milliarden Euro sowie Maschinen mit 217 Milliarden Euro die mit Abstand wichtigsten deutschen Exportgüter im Jahr 2024.[10]

Weltweit wurden im Jahr 2024 Maschinen und Anlagen für geschätzt 3,26 Billionen Euro hergestellt. Ein Drittel der weltweit produzierten Maschinen kam aus China, auf Platz zwei sind die USA, gefolgt von Deutschland, Japan sowie Italien. Der EU-Wirtschaftsraum erzielte 2023 ein Umsatzvolumen von 908 Milliarden Euro, was rund 28 Prozent des Weltmaschinenumsatzes entspricht.[11]

Wichtigste deutsche Handelswaren 2024[12]

Die **Arbeitsmöglichkeiten** in der Maschinenbaubranche sind genauso vielfältig wie die Produkte, die in dieser Branche hergestellt werden. Mehr als die Hälfte aller Maschinenbauingenieure arbeitet bis heute in der klassischen Konstruktionstechnik. Berufliche Perspektiven liegen aber auch in der Wartung laufender Anlagen, in der Forschung, im technischen Support, im Projektmanagement, im Vertrieb, in der Vermarktung oder in einer Gutachtertätigkeit für Versicherungen.

Maschinenbauingenieure sind wie Ingenieure generell darauf spezialisiert, technische Lösungen für technische Probleme zu finden. Bestenfalls kombinieren sie ihre technischen mit analytischen und kreativen Fähigkeiten und behalten dabei auch die Finanzierung im Blick. Sie arbeiten in der Regel stark projektorientiert und müssen stets individuelle Antworten auf ganz individuelle Fragen finden. Maschinenbauingenieure gehören zu den Berufsgruppen mit den höchsten Einkommen und Beschäftigungsquoten (siehe dazu auch Kapitel „Praktikerporträts").

Zur Ingenieurdisziplin Maschinenbau gehören unter anderem die Bereiche Konstruktionslehre, Mechanik, Werkstofftechnik, Fertigungstechnik, Maschinen und Maschinenelemente, Automatisierung, Mechatronik, Adaptronik, Verfahrenstechnik und Logistik.

Beschäftigte im deutschen Maschinenbau 2023[13]

Ein **Maschinenbaustudium** kann an Universitäten oder Fachhochschulen absolviert werden, aber auch an Berufsakademien, Fach- und Technikerschulen sowie im Rahmen eines dualen Studiums oder einer dualen Berufsausbildung. Der Studiengang ist in der Regel sehr praxisorientiert. Im Rahmen des Studiums werden Kenntnisse in Fächern wie Physik, Mathematik, Chemie, Mechanik, Thermodynamik, Elektrotechnik, Informatik, Werkstoffkunde, Fertigungstechnik, Maschinenelemente, Konstruktionstechnik sowie Mess- und Regeltechnik vermittelt (ausführlicher dazu vgl. Kapitel „Maschinenbau studieren").

Nach abgeschlossenem Studium kann ein Maschinenbauingenieur – je nach Neigung und gewählter Spezialisierungsrichtung – bspw. in folgenden **Branchen** arbeiten:

- Fahrzeugbau
- Produktionstechnik
- Mechatronik
- Umwelttechnik
- Wärme-, Kraft-, Arbeits- & Werkzeugmaschinenbau
- Baumaschinen- & Landmaschinenbau

- Energie- & Kerntechnik
- Textil- & Druckmaschinenbau
- Schiffstechnik
- Transport- und Verkehrstechnik
- Werkstofftechnik
- Metallbau
- Dienstleistungssektor
- Öffentlicher Dienst
- Universitäten/Hochschulen
- Forschung

Zu den klassischen potenziellen **Aufgaben** eines Maschinenbauingenieurs zählen:

- Planen, Konzipieren, Entwerfen & Konstruieren
- Berechnungen & Simulationen
- Technische Versuche
- Technischer Vertrieb
- Produktionsprozessplanung
- Fabrikplanung/Logistik
- Betriebsleitung
- Instandhaltung
- Qualitätsmanagement
- Montage
- Beratung

Neben technischem Sachverstand und analytischen Fähigkeiten sollten künftige Maschinenbauingenieure auch bestimmte Schlüsselqualifikationen mitbringen. Dazu gehören insbesondere Kreativität, innovatives Denken, Internationalität, interkulturelle Kompetenz, systematisches Denken, Flexibilität, Lernbereitschaft und Lernfähigkeit, Motivationsfähigkeit, Führungsstärke, wirtschaftliches Denken und Handeln, Selbstmanagement, Selbstorganisation und Teamfähigkeit.

Einen Orientierungstest, um die eigenen Fähigkeiten in Bezug auf ein Ingenieur- bzw. Maschinenbaustudium realistisch einschätzen zu können und sich die Wahl des richtigen Studienfaches zu erleichtern, bietet bspw. die RWTH Aachen auf ihrer Webseite: https://www.rwth-aachen.de/go/id/eft.

Während auf der einen Seite – nämlich aus Sicht der Unternehmen – Fachkräftemangel und generell fehlendes Personal, neben den steigenden Energiekosten, die größte Gefahr für die weitere Entwicklung der Maschinenbaubranche darstellen, bieten sich auf der anderen Seite für Maschinenbauingenieure hervorragende **Jobaussichten**. Im dritten Quartal 2024 waren lt. VDI-/IW-Ingenieurmonitor im Bereich Maschinen- und Fahrzeugtechnik 14.460 offene Stellen gemeldet, die meisten davon in Bayern, Baden-Württemberg und Nordrhein-Westfalen.[14] Zusätzlich sind in den Ingenieurberufen laut VDI aufgrund des demografischen Wandels in den nächsten Jahren zehntausende altersbedingt frei werdende Stellen zu ersetzen und wird für die Entwicklung klimafreundlicher Produkte und Technologien sowie infolge der fortschreitenden Digitalisierung ein steigender Bedarf an Ingenieurinnen und Ingenieuren prognostiziert.[15] Aber auch die Arbeitsbedingungen sind – insbesondere im Vergleich mit Akademikerinnen aus anderen Branchen – hervorragend: So wartet die Branche i. d. R. mit unbefristeten Arbeitsverträgen auf, mit Vollzeitbeschäftigung, hohen Gehältern und guten Aussichten auf Führungspositionen.

Die **Einstiegsgehälter** für Maschinenbauingenieure liegen durchschnittlich bei ca. 50.000 Euro/Jahr. Parallel zur Berufserfahrung wächst das Einkommen, sodass man schon nach den ersten paar Jahren mit einer deutlichen Steigerung des Gehalts um zum Teil mehrere Tausend Euro rechnen kann.[16] Auch haben natürlich der Abschluss (Bachelor/Master/Promotion) und aber auch die Unternehmensgröße und die Branche Einfluss auf das Gehalt: Je größer der Arbeitgeber, desto höher fällt i. d. R. auch das Einstiegsgehalt als Maschinenbauingenieur:in aus. Zu den Branchen mit den höchsten Einstiegsgehältern zählen Medizin & Pharma, Chemische Industrie, IKT-Branche (Informations- und Kommunikationstechnologie), Metallindustrie, Maschinen- und Anlagenbau, Elektroindustrie, Luft- und Raumfahrt.[17]

Der **Frauenanteil** der sozialversicherungspflichtig Beschäftigten in den Ingenieurberufen liegt laut VDI im Durchschnitt aktuell bei 18 Prozent, aber – es werden langsam, aber stetig mehr. Fachdisziplinen wie die Textil-, Umwelt- oder Medizintechnik haben dabei einen höheren Frauenanteil, im klassischen Maschinenbau, der Elektrotechnik, dem Fahrzeugbau und der Informationstechnik liegt der Frauenanteil hingegen noch bei ca. 10 Prozent.[18] Die erste Diplom-Maschinenbauerin war übrigens Ilse Knott-ter Meer. Sie studierte von 1919 bis 1922 als einzig Frau unter 1000 männlichen Studenten Maschinenbau an der TH München und musste sich damals im

Hörsaal von ihren männlichen Kommilitonen zum Teil noch auspfeifen lassen. Sie wurde später die erste Frau im Verein Deutscher Ingenieure (VDI). Die Deutsche Ilse Essers und die Amerikanerin Beulah Louise Henry waren weitere Vorreiterinnen auf dem Gebiet des Maschinenbaus: Ilse Essers erhielt als erste Frau an der Berliner Fakultät Maschinenwesen den Doktortitel für ihre Arbeiten im Bereich der Luftfahrttechnik, Beulah Louise Henry machte in den 20er- und 30er-Jahren zahlreiche Erfindungen, wie zum Beispiel eine Eis- oder eine Schreibmaschine.[19]

Einen zweifellos großen Effekt auf die Maschinenbaubranche hat der **Umwelt- und Klimaschutz**, denn er wirkt nicht nur auf die Umwelt selbst, sondern zieht zahlreiche regulatorische Anforderungen, Veränderungen in der Nachfrage, Innovationen in der Technologie und Anpassungen in den Produktionsprozessen nach sich und generiert aber auch Beschäftigungseffekte. Laut einer Pressemitteilung des Statistischen Bundesamtes vom 28. Juni 2022 wirkten im Jahr 2020 im Produzierenden Gewerbe 311.000 Arbeitnehmerinnen und Arbeitnehmer an der Herstellung von Waren, Bau- und Dienstleistungen für den Umweltschutz mit und erwirtschafteten einen Umsatz in Höhe von 79 Milliarden Euro. Drei Viertel dieser umweltrelevanten Umsätze (ca. 58 Milliarden Euro) wurden vom Verarbeitenden Gewerbe erwirtschaftet, allen voran der Maschinenbau (19,2 Milliarden Euro) – vor allem mit energieeffizienter Antriebs- und Steuerungstechnik sowie Gütern und Leistungen der Onshore-Windkraft.[20] Damit zählt der Maschinenbau zu den wichtigsten Sektoren für die Produktion von Umweltschutzgütern, gefolgt von der Herstellung elektrischer Ausrüstungen und der Herstellung von Gummi- und Kunststoffwaren. Diese Wirtschaftszweige sind für mehrere Umweltbereiche von Bedeutung. So machen Maschinenbauerzeugnisse fast 90 Prozent der Produktion von Gütern zur rationellen Energieumwandlung aus, aber auch mehr als 40 Prozent der Produktion von Gütern zur Luftreinhaltung und fast 30 Prozent der Produktion sowohl von Gütern zur Abwasserbehandlung als auch aus dem Bereich der erneuerbaren Energien.[21]

Im Rahmen der von der Bundesregierung beschlossenen **Energiewende** für eine sichere, umweltverträgliche und wirtschaftlich erfolgreiche Zukunft wird Deutschlands Energieversorgung grundlegend umgestellt: weg von nuklearen und fossilen Brennstoffen, hin zu erneuerbaren Energien und mehr Energieeffizienz. Diese Energiewende gilt es im Besonderen auch von Maschinenbauingenieuren aktiv mitzugestalten – ob bspw. im Verkehrssektor, in der Landwirtschaft, der Industrie oder in der Wärmeversorgung.

Die Herausforderungen, denen sich der Maschinenbau infolge der Klimaschutzmaßnahmen gegenübersieht, sind zum einen regulatorischer Art (strengere Vorschriften zur Reduzierung von CO_2-Emissionen und zur Förderung der Energieeffizienz, strengere Standards und Zertifizierungen; Maschinenbauunternehmen müssen sicherstellen, dass ihre Produkte und Prozesse den Umweltstandards entsprechen, was oft zu zusätzlichen Investitionen in Forschung und Entwicklung führt) und zum anderen technologischer Art (Entwicklung energieeffizienter Maschinen, Innovationen bei Antriebstechnologien, Materialeinsparungen und der Integration erneuerbarer Energien; durch den rasanten Fortschritt bei Digitalisierung und Automatisierung kann der Energieverbrauch in der Produktion gesenkt und der Ressourceneinsatz optimiert werden). Maschinenbauunternehmen sind zunehmend an nachhaltigen Produktionsprozessen interessiert und darauf fokussiert, Materialien zu recyceln, Abfälle zu minimieren, die Lebensdauer von Maschinen zu verlängern, Materialien effizient zu nutzen, die eigenen Produktionsprozesse nachhaltiger zu gestalten, den Energieverbrauch in den eigenen Anlagen zu verringern und die Lieferketten zu optimieren. Es entstanden und entstehen neue Märkte für grüne Technologien, z. B. Maschinen zur Herstellung erneuerbarer Energien (Windkraft, Solarenergie) oder zur Unterstützung der Elektromobilität. Maschinenbauer entwickeln zunehmend Produkte, die den Bedarf an umweltfreundlichen Technologien decken. Die steigende Nachfrage nach Nachhaltigkeit – sowohl in der Industrie als auch auf Verbraucherebene – ist eben nicht nur mit zahlreichen Regulatorien für die Maschinenbauunternehmen verbunden, sondern öffnet auch neue Märkte.

Neue Chancen, aber auch neue Herausforderungen ergeben sich für Maschinenbauingenieure auch durch die fortschreitende **Digitalisierung** in sämtlichen Bereichen. Ein großer Schwerpunkt ist hier die Entwicklung von intelligenten technischen Produktionssystemen. Von Maschinenbauingenieuren wird zukünftig gefordert, dass sie sich noch mehr als bisher auch in anderen Disziplinen wie der Informatik auskennen.

> „Für die Zukunft wird entscheidend sein, bestehendes Personal digital weiterzubilden und neue Mitarbeiter mit digitalen Fähigkeiten zu gewinnen. Zudem bedarf es einer digitalen Unternehmenskultur, die zur DNA der Maschinenbauer passt.“ (Klaus-Peter Gushurst, Leiter des Bereichs Industries & Innovation bei PwC)

Beim Stichwort **Industrie 4.0**, das einen grundlegenden Innovations- und Transformationsprozess industrieller Wertschöpfung beschreibt, geht es um die intelligente Vernetzung von Maschinen und Abläufen in der Industrie mithilfe von Informations- und Kommunikationstechnologie. Stichworte sind bspw. flexible Produktion, Smart Factory, intelligente Fabrik, kundenzentrierte Lösungen, optimierte Logistik, Datenanalyse und -austausch, ressourcenschonende Kreislaufwirtschaft. Basis hierfür sind Softwareplattformen, smarte Maschinen, Daten und Vernetzung. Die Maschinen kommunizieren direkt miteinander und tauschen permanent Daten mit den jeweiligen Softwareplattformen aus. Ziel ist eine flexible, lösungsorientierte, dynamische und damit effiziente Produktion, bei der der Kundennutzen im Mittelpunkt steht. Um die Wettbewerbsstärke der produzierenden Wirtschaft in Deutschland zu erhalten und weiter auszubauen, gilt es, das große Potenzial der Industrie 4.0 zu erschließen und den digitalen Strukturwandel der Industrie aktiv mitzugestalten.[22]

Das Industrie-4.0-Organisationsgestaltungskonzept besteht aus den vier Prinzipien Vernetzung, Informationstransparenz, Technische Assistenz und Dezentrale Entscheidungen, die die Unternehmen bei der Identifikation und Implementierung von Industrie-4.0-Szenarien unterstützen. Durch die Vernetzung und die Kommunikation zwischen Menschen, Maschinen und Produkten eröffnen sich auch im Maschinenbau völlig neue Möglichkeiten, beispielsweise im Bereich der Ferndiagnose und Fernwartung. Generell wird die Verknüpfung von Mechanik, Elektronik und Software deutlich enger und es werden sich gänzlich **neue Geschäftsfelder** auftun. Ein Beispiel hierfür sind sog. Laufzeitverträge (Subscription-Modelle) für Maschinen – der Kunde kauft anstelle der Konstruktion und Montage einer Maschine nur eine gewisse Laufzeit als Miete ein; die Maschine selbst bleibt Eigentum des Herstellers. Dieser kann nicht nur die aktuellen Leistungsdaten der Maschine via Internetverbindung einsehen, sondern über eine Schnittstelle lässt sich auch eine vorausschauende Wartung der Maschine (Predictive Maintenance) umsetzen, denn durch die ständige Datenübertragung fallen bereits erste Unregelmäßigkeiten in den Leistungsdaten als mögliche Vorboten eines Defekts auf.

Ein weiteres Stichwort in diesem Zusammenhang ist **Machine Learning**. Das kommt zum Einsatz, um Produkteigenschaften und interne Prozesse zu optimieren. Bei den Produkten kann dies im Produkt selbst oder im Prozessumfeld der Maschine (in Form von Wartungs- oder zusätzlichen Mehrwertdiensten) erfolgen. Beim Anwendungsfeld Maschinenbedienung wird diese durch Expertensysteme vereinfacht. Eine hohe Relevanz haben

Lösungen auf Basis von Machine Learning inzwischen in den Bereichen Kundendienst, Konstruktion und Entwicklung und in der Produktion.

8 von 10 Industrieunternehmen sind laut einer Befragung der Meinung, dass Industrie 4.0 zu einer nachhaltigeren Produktion beiträgt. Gleichzeitig geben 91 Prozent der Befragten an, Industrie 4.0 sei unverzichtbar, um im internationalen Wettbewerb bestehen zu können. Großes Potenzial bietet die Digitalisierung der Industrie bei der Reduktion von CO_2-Emissionen, und zwar insbesondere durch den Einsatz von digitalen Zwillingen und durch verstärkte Automatisierung.[23]

Zusammenfassend kann festgehalten werden, dass die fortschreitende Digitalisierung und Automatisierung in der Maschinenbaubranche zu einem Wandel der Arbeitsweisen führen wird und IT-Kenntnisse für Ingenieure wichtiger denn je sein werden. Ständige Weiterbildung nach der Ausbildung, die interdisziplinäre Zusammenarbeit in Projektteams und nicht zuletzt die Kenntnis von Programmiersprachen werden unabdingbare Voraussetzungen für einen erfolgreichen Berufsweg in dieser Branche sein.

Der vorliegende Band gibt dir das notwendige Rüstzeug an die Hand, um für die anstehenden Aufgaben in der Maschinenbaubranche unter Berücksichtigung der technischen, ökonomischen und gesellschaftlichen Rahmenbedingungen gewappnet zu sein. Das Buch vermittelt einen Eindruck von den vielfältigen Tätigkeitsfeldern in der Branche, stellt verschiedene (Berufs-)Verbände vor, widmet sich ausführlich den Studienmöglichkeiten und der Karriereplanung und richtet sich damit an all jene – Abiturienten und Studienanfänger, Berufs- und Quereinsteiger, Studierende und Dozenten –, die ihre berufliche Zukunft im Maschinenbau und damit einem der führenden Industriezweige sehen.

df
do
dk
X 0000000.00000
Y 0000000.00000
Z 0000000.00000
Xd 0000000.00000
Yd 0000000.00000
Zd 0000000.00000
ok
Reset
ENTER
CLEAR
RESET
MEMO
STOP

2 Maschinenbau studieren

Dieses Kapitel ist den ganz praktischen Fragen zum Thema „Maschinenbau studieren" gewidmet. Abschnitt 2.1 fasst noch einmal Gründe zusammen, die für ein Maschinenbaustudium in der heutigen Zeit sprechen. Anschließend geht es in Abschnitt 2.2 um die Frage, an welchen Hochschulen und Fakultäten man in Deutschland Maschinenbau studieren kann, und in Abschnitt 2.3 um die verschiedenen Formen, zu studieren. Denn: Neben dem klassischen Präsenzstudium in Vollzeit gibt es heute weitaus mehr Möglichkeiten, einen Abschluss in Maschinenbau zu erlangen. So gibt es inzwischen nicht nur zahlreiche Hochschulen, die das Studienfach Allgemeiner Maschinenbau anbieten, sondern ebenso zahlreiche Studiengänge mit einer viel stärkeren Ausdifferenzierung als noch vor 30 Jahren – Module und Wahlpflichfächer können heute vielfach selbst zusammengestellt werden, es gibt beispielsweise spezialisierte Ausbildungsprofile, Teilzeitstudium, Duale Hochschulen und Online-Studium. Dem grundsätzlichen Aufbau und Ablauf eines Maschinenbaustudiums widmet sich Abschnitt 2.4, Abschnitt 2.5 liefert Tipps und Hinweise zum Studieren im Ausland und zu Auslandspraktika.

2.1 Gründe

Es gibt zahlreiche Gründe, sich in der heutigen Zeit für ein Maschinenbaustudium zu entscheiden. Sehr gute Beschäftigungsmöglichkeiten – national und international – in Zeiten von Fachkräftemangel, gute Verdienstmöglichkeiten und vielfältige Karrierechancen sind nur einige davon.

Gründe für ein Maschinenbaustudium

Hervorragende Einstiegsmöglichkeiten in den Arbeitsmarkt
Vielfältige Karrierechancen
Breites Spektrum an Fachrichtungen/Technologische Vielfalt
Arbeit an Zukunftstechnologien

Attraktive Gehälter
Interdisziplinäres Arbeiten
Internationale Beschäftigungsmöglichkeiten
Beteiligung an der Lösung globaler Herausforderungen

Der Maschinenbau als zentraler Bereich der Ingenieurwissenschaften ist in vielen Branchen von großer Bedeutung. Wie bereits in Kapitel 1 beschrieben, sind Maschinenbauingenieur:innen demzufolge auch in ganz unterschiedlichen Branchen anzutreffen – beispielsweise in der Automobilindustrie, in der Luft- und Raumfahrt, in der Medizintechnik, der Lebensmittelindustrie und vielen, vielen anderen Bereichen. Sie entwickeln Lösungen für die drängenden globalen Herausforderungen unserer Zeit wie den Klimawandel oder die Sicherstellung der Wasserversorgung. Ein Studium in Maschinenbau bietet aber insbesondere auch Zugang zu zukunftsorientierten Berufen in der Robotik, der Künstlichen Intelligenz, der Automatisierung oder in den Bereichen nachhaltiger Energie.

Bereits während des Studiums ist an vielen Hochschulen eine Spezialisierung je nach persönlichen Neigungen möglich, zum Beispiel in Thermodynamik, Fertigungstechnik, Maschinenkonstruktion, Mechatronik u. a., oder können sich Studierende auf die Schnittstellen zu anderen Disziplinen wie Elektronik, Informatik und Biotechnologie konzentrieren.

Maschinenbauingenieur:innen gehören zu den bestbezahlten Ingenieuren, die Einstiegsgehälter sind hoch, und mit zunehmender Erfahrung und Verantwortung sind deutliche Gehaltssteigerungen möglich. Die Abschlüsse sind international anerkannt und ermöglichen die Arbeit in verschiedenen Ländern und Kulturen weltweit.

2.2 Hochschularten

Maschinenbau kann in Deutschland an verschiedenen Arten von Hochschulen und Fakultäten studiert werden. Diese Vielfalt ermöglicht es den Studierenden, das für sie am besten geeignete Studienmodell zu wählen, sei es forschungsorientiert, praxisnah oder international ausgerichtet.

Arten von Hochschulen

- **Technische Universitäten (TU)**
starker Fokus auf ingenieurwissenschaftlichen und technischen Studiengängen, z. B. RWTH Aachen, TU Dresden, KIT Karlsruhe
- **Universitäten mit einer Ingenieurwissenschaftlichen Fakultät**
viele Universitäten bieten Maschinenbau im Rahmen ihrer Fakultäten für Ingenieurwissenschaften oder Technik an, forschungsorientierte Ausbildung, Möglichkeit zur Promotion, z. B. Universität Stuttgart, Universiät München
- **Fachhochschulen (FH)/Hochschulen für Angewandte Wissenschaften (Universities of Applied Sciences)**
praxisorientierte Studiengänge, die oft eng mit der Industrie verknüpft sind, z. B. Hochschule München, Hochschule Esslingen, HTWK Leipzig
- **Duale Hochschulen**
Studium wird mit einer praktischen Ausbildung in einem Unternehmen kombiniert, z. B. Duale Hochschule Baden-Württemberg (DHBW), Duale Hochschule Gera-Eisenach
- **Privatuniversitäten und Privat-Fachhochschulen**
oftmals eine enge Betreuung, moderne Ausstattung und gute Vernetzungsmöglichkeiten mit der Industrie; Studiengebühren in der Regel jedoch höher als an öffentlichen Hochschulen, z. B. SRH Hochschule Heidelberg, Technische Hochschule Georg Agricola
- **Internationale Hochschulen**
viele internationale Hochschulen bieten Studiengänge im Maschinenbau an, meist in englischer Sprache, z. B. ETH Zürich, Massachusetts Institute of Technology, Delft University of Technology
- **Fernuniversitäten**
für diejenigen, die aus persönlichen Gründen ein Fernstudium bevorzugen, bieten Einrichtungen wie die FernUniversität in Hagen oder internationale Anbieter wie die Open University (UK) Maschinenbau-Studiengänge an

Grundsätzlich lässt sich sagen, dass der Hauptunterschied zwischen Universitäten und (Fach-)Hochschulen in Deutschland in ihrer Ausrichtung liegt: Während Universitäten den Fokus stärker auf Grundlagenforschung und theoretische Wissensvermittlung legen, sind Hochschulen (Fachhochschulen, Hochschulen für angewandte Wissenschaften) eher praxisorien-

tiert und berufsbezogen ausgerichtet, die Seminare sind häufig kleiner, die Atmosphäre meist etwas persönlicher. Auch der vor der Umstellung auf Bachelor und Master übliche Zusatz FH für einen Fachhochschulabschluss ist inzwischen entfallen – beim Bachelor und Master gibt es in der Betitelung keinen Unterschied mehr zwischen Uni und FH.

2.3 Studienform

Grundsätzlich gibt es ganz verschiedene Wege, einen Abschluss in Maschinenbau zu erlangen, und demzufolge auch verschiedene Formen des Studiums. Diese sind auf die jeweils unterschiedlichen Bedürfnisse und Präferenzen der Studierenden zugeschnitten, denn: Nicht für jede und jeden kommt ausschließlich das klassische Präsenzstudium in Vollzeit infrage. Die Wahl der geeigneten Studienform hängt von den individuellen Zielen, den Lebensumständen und Vorlieben ab. Jede Studienform hat ihre eigenen Vorteile und Herausforderungen.

Zu den gängigsten Studienformen zählen:

Präsenzstudium (Vollzeit)
Teilzeitstudium
Duales Studium
Fernstudium
Berufsbegleitendes Studium
Online-Studium
Weiterbildungsstudium
Studium im Ausland
Gaststudium

Präsenzstudium (Vollzeit)

Dies ist die traditionelle Form des Studiums, bei der Studierende regelmäßig an Vorlesungen, Seminaren und Prüfungen an einer Hochschule teilnehmen. Ein Präsenzstudium in Vollzeit bietet umfassende Bildungserfahrungen und bereichert nicht nur auf akademischem, sondern auch auf sozialem und persönlichem Gebiet. Es bietet viele Vorteile, zum Beispiel: einen strukturierten Tagesablauf, den

Maschinenbau ist überall drin
Technik, Design oder Bioverfahrenstechnik: Du hast die Wahl!
Alle Studiengänge starten im Wintersemester 2025/26
Jetzt informieren und einschreiben!
FRANKFURT UNIVERSITY OF APPLIED SCIENCES

Online-Studium

Online-Studiengänge werden vollständig über das Internet abgewickelt. Studierende können von überall aus auf die Kursmaterialien zugreifen und ihre Prüfungen online ablegen. Ein solches Online-Studium bietet eine flexible, kosteneffiziente und ortsunabhängige Möglichkeit, akademische und berufliche Ziele zu erreichen, was besonders vorteilhaft für Personen mit unregelmäßigen Arbeitszeiten, familiären oder anderweitigen Verpflichtungen ist. Online-Bildungsplattformen bieten oft eine große Vielfalt an Studiengängen und Kursen an, die möglicherweise an lokalen Universitäten nicht verfügbar sind. Durch den Wegfall von Unterkunfts- und Reisekosten und teilweise auch von Studiengebühren sind die Gesamtkosten eines Online-Studiums in der Regel geringer als bei einem Präsenzstudium.

Weiterbildungsstudium

Diese Art des Studiums richtet sich an Absolventen und Berufstätige, die bereits einen Abschluss haben und sich in einem speziellen Fachgebiet beruflich und persönlich weiterbilden möchten. Das führt zu besseren Karrierechancen, einer höheren Jobzufriedenheit und einer langfristigen Wettbewerbsfähigkeit auf dem Arbeitsmarkt. Die Studierenden können wertvolle Kontakte knüpfen und Netzwerke aufbauen, die sowohl beruflich als auch persönlich von großem Nutzen sein können. Viele Weiterbildungsstudiengänge sind so gestaltet, dass sie berufsbegleitend absolviert werden können, mit flexiblen Zeitplänen und Online-Optionen, die sich an den Lebensrhythmus der Studierenden anpassen. Der Erwerb neuer Fähigkeiten und Kenntnisse – häufig dokumentiert durch anerkannte Zertifikate und Abschlüsse – kann das persönliche Selbstvertrauen und die Motivation steigern, was sich positiv auf die berufliche Leistung und das persönliche Wohlbefinden auswirken kann. Die Weiterbildungsstudiengänge werden oft von Experten und Fachleuten aus der Industrie geleitet, was den Zugang zu aktuellem und relevantem Wissen gewährleistet.

Studium im Ausland

Deutsche Studierende haben die Möglichkeit, im Ausland zu studieren, entweder im Rahmen von Austauschprogrammen oder durch die Einschreibung an ausländischen Hochschulen. Ein Studium im Ausland bietet eine einzigartige Möglichkeit, akademisch und auch persönlich zu wachsen, wertvolle internationale Erfahrungen zu sammeln und die eigenen Karrierechancen zu verbessern. Das Eintauchen in eine neue Kultur fördert das interkulturelle Verständnis und erweitert den persönlichen Horizont. Studierende erleben neue Lebensweisen und Perspektiven. Darüber hinaus bietet ein Studium im Ausland die Gelegenheit, eine Fremdsprache in einem natürlichen Umfeld zu lernen oder zu verbessern, was sowohl persönlich als auch beruflich von Vorteil ist. Die Studierenden entwickeln ein besseres Verständnis für globale Themen und Zusammenhänge, was sie zu aufgeklärteren und verantwortungsvolleren Weltbürgern macht. Arbeitgeber schätzen internationale Erfahrungen und damit verbundene Fähigkeiten wie Anpassungsfähigkeit, Sprachkenntnisse und interkulturelle Kompetenzen (vergleiche ausführlicher Abschnitt 4.7).

Gaststudium

Bei einem Gaststudium nehmen die Studierenden an Kursen an einer anderen Hochschule teil, die möglicherweise an ihrer Heimatuniversität nicht angeboten werden. Dies kann im Rahmen eines Austauschprogramms oder aus Interesse an bestimmten Themen erfolgen. Somit bietet ein Gaststudium eine wertvolle Gelegenheit zur akademischen und persönlichen Weiterentwicklung, zum Aufbau neuer Netzwerke und zur Bereicherung des eigenen Bildungsweges durch neue Erfahrungen und Perspektiven. Der Aufenthalt an einer anderen Hochschule, besonders im Ausland, bietet die Gelegenheit, neue Kulturen kennenzulernen und interkulturelle Kompetenzen zu entwickeln. Arbeitgeber schätzen die Flexibilität und Anpassungsfähigkeit, die mit der Erfahrung eines Gaststudiums einhergehen, dies kann die Karrierechancen verbessern. Viele Hochschulen und Organisationen bieten spezielle Förderprogramme und Stipendien für Gaststudierende an, die den finanziellen Aufwand minimieren können.

2.4 Grundlegender Aufbau eines Maschinenbaustudiums

Ein Maschinenbaustudium ist breit gefächert; es vermittelt neben naturwissenschaftlichen und ingenieurtechnischen Grundlagen auch interdisziplinäre Kompetenzen, die in der Industrie und Forschung gefragt sind.

Die Studierenden lernen, technische Gegebenheiten mit Wirtschaftlichkeit und Anwendersicherheit zu kombinieren. An den meisten Hochschulen und Universitäten wird das Fach Maschinenbau als Bachelor- und Masterstudiengang gelehrt, es gibt aber auch noch Hochschulen mit einem Diplomstudiengang in Maschinenbau; in einigen Fällen wird das Diplom auch als integrierter Studiengang angeboten, bei dem man nach dem Vordiplom in einen Bachelor- oder Masterstudiengang wechseln kann.

(1) Diplomstudiengang

Diplomstudiengänge im Fach Maschinenbau können beispielsweise an der TU Dresden, der TU Chemnitz, der TU Ilmenau oder der TU Bergakademie Freiberg absolviert werden. Die Regelstudienzeit beträgt überall 10 Semester, der Abschluss ist ein Diplom-Ingenieur*in (Dipl.-Ing.). An der Hochschule Mittweida kann Maschinenbau in einem 2-semestrigen Aufbaustudium nach einem Bachelor oder in einem 8-semestrigen Fernstudium studiert werden; abgeschlossen werden beide Studiengänge jeweils mit einem Dipl.-Ing. (FH). Auch an der Hochschule Zittau/Görlitz kann man entweder nach einem 8-semestrigen Maschinenbaustudium oder nach einem 10-semestrigen dualen Studium den Abschluss Dipl.-Ing (FH) erlangen. Die Westsächsische Hochschule Zwickau bietet ebenfalls zwei Diplomstudiengänge in Maschinenbau an: ein Vollzeitstudium mit 8 Semestern und ein kooperatives Studium (vergleichbar einem dualen Studium) mit 9 Semestern, Abschluss ist jeweils ein Dipl.-Ing (FH).

Diplomstudiengänge werden – im Unterschied zu einem Bachelor-/Masterstudium – „an einem Stück“ studiert, also ohne die Unterbrechung zwischen Bachelor und Master; einen berufsbefähigenden Abschluss erhält man erst am Ende des Diplom-Studiums. Dennoch ist das Studium in ein Grundstudium mit 4 Semestern und ein Hauptstudium mit 6 Semestern gegliedert.

Vor dem Studium: Einige Universitäten verlangen ein mindestens 4- oder 6-wöchiges Vorpraktikum zur Erlangung einer industriellen Grundpraxis als Zulassungsvoraussetzung zum Studium, an anderen kann man dies aber auch während des Grundstudiums nachholen – hier sollte man sich auf der Webseite der jeweiligen Hochschule also genau informieren. Zur Studienvorbereitung werden an einigen Unis Vorbereitungskurse angeboten. So bietet die TU Dresden zum Beispiel kostenlose **Brückenkurse** in

Mathematik, Physik oder Chemie bzw. kostenlose Online-Vorbereitungskurse an sowie einen kostenpflichtigen 10-wöchigen **Vorbereitungskurs Ingenieurwisssenschaften** als Präsenzlehrveranstaltung, geeignet insbesondere für Studierende mit einer größeren Pause zwischen Abitur und Studienbeginn (Link siehe Anhang).

Grundstudium: In den ersten 4 Semestern werden in Vorlesungen und Seminaren vor allem mathematisch-naturwissenschaftliche und ingenieurwissenschaftliche Grundlagenkenntnisse vermittelt, und zwar in Fächern wie Physik, Mathematik, Elektrotechnik, Informatik, Technische Mechanik, Werkstofftechnik, Konstruktionslehre, Thermodynamik, Messtechnik, Maschinenelemente, Fertigungstechnik, Strömungsmechanik, Getriebekonstruktion u. a. Nach den bestandenen Prüfungen erhält man ein Vordiplom, das zum Wechsel an eine andere Hochschule, nicht jedoch zur Berufsausübung befähigt.

Hauptstudium: In den Semestern 5 bis 9 steht die anwendungsorientierte Wissensvermittlung im Zentrum. Hier wird an allen Unis das jeweilige Pflichtprogramm durch Wahlpflichtbereiche und Vertiefungsrichtungen ergänzt. Je nach Hochschule und Lehrprogramm stehen Fächer wie Antriebstechnik, Elektronik, Technische Optik, Entwicklungsmethodik, Maschinendynamik, Mess- und Sensortechnik, Industrie 4.0, Mehrkörperdynamik und Robotik, Fahrzeugtechnik, Leichtbau-, Textil- und Kunststofftechnik, Arbeitswissenschaft, BWL, Luft- und Raumfahrtechnik, Simulationsmethoden des Maschinenbaus, Hybride Leichtbaustrukturen, Energietechnik u. a. auf dem Programm.

Fachpraktikum: In allen Diplomstudiengängen ist – meist im 7. Semester – ein Ingenieurpraktikum in einem Unternehmen oder in außeruniversitären Forschungseinrichtungen im In- oder im Ausland zu absolvieren, das fachspezifische Kenntnisse von den Technologien und Arbeitsmethoden im Maschinenbau vermitteln und die Studierenden an betriebsorganisatorische Aufgaben heranführen soll. Je nach Hochschule dauert dieses Praktikum 15, 20 oder 24 Wochen und mündet in einer großen Belegarbeit.

Diplomarbeit: Die im 10. Semester anzufertigende Diplomarbeit ist die schriftliche Abschlussarbeit jedes Diplomstudienganges; mit ihr weisen die Studierenden nach, dass sie in der Lage sind, ein Problem in einer vorgegebenen Frist (i. d. R. 6 Monate) selbstständig mithilfe wissenschaftlicher Methoden zu bearbeiten. Die Ergebnisse sind in einem Kolloquium zu präsentieren.

technische universität
dortmund
Fakultät
Maschinenbau
ALS INGENIEUR*IN DIE
ZUKUNFT GESTALTEN
Studiengänge der Fakultät Maschinenbau
Maschinenbau - B.Sc. & M.Sc.
Logistik - B.Sc. & M.Sc.
Wirtschaftsingenieurwesen - B.Sc & M.Sc.
Manufacturing Technology - M.Sc.
Informiere dich jetzt
www.mb.tu-
dortmund.de

(2) Bachelor-/Masterstudiengang

Die Umstellung von den früher üblichen Diplom- und Magisterstudiengängen auf Bachelor- und Masterstudiengänge begann 1999 mit der Bologna-Erklärung, in der sich die europäischen Staaten verpflichteten, einen einheitlichen europäischen Bildungsraum und einheitliche Studienabschlüsse zu schaffen. Die drei Hauptziele waren die Förderung von Mobilität, von internationaler Wettbewerbsfähigkeit und von Beschäftigungsfähigkeit. Inzwischen führen über 90 Prozent der Studienangebote an deutschen Hochschulen zu den Abschlüssen Bachelor und Master. Die Abschlüsse gibt es aber nicht nur in Deutschland und der Europäischen Union, sondern bspw. auch in den USA, in Kanada oder Australien.

Die **Regelstudienzeit** im Bachelor beträgt im Vollzeitstudium mindestens 6 und höchstens 8 Semester und vermittelt wissenschaftliche Grundlagen, Methodenkompetenz und berufsfeldbezogene Qualifikationen; der Bachelor ist ein erster berufsqualifizierender Hochschulabschluss. An ihn kann sich ein Masterstudium anschließen, die Regelstudienzeit ist hier auf mindestens 2 und höchstens 4 Semester angelegt. Masterstudiengänge dienen der fachlichen und wissenschaftlichen Spezialisierung oder Verbreiterung des Wissens, und sie berechtigen grundsätzlich zur Promotion.

Im Fach Maschinenbau werden prinzipiell zwei **Abschlüsse** vergeben: der Bachelor of Scince (B. Sc.) bzw. Master of Scince (M. Sc.) oder aber der Bachelor of Engineering (B. Eng.) bzw. Master of Engineering (M. Eng.). In der Wertigkeit gibt es keine Unterschiede; die Abschlüsse sind abhängig von den jeweiligen Studienschwerpunkten und der Einstufung der Hochschule. Während im Fach Maschinenbau an (Fach-)Hochschulen meist der Titel B. Eng. bzw. M. Eng. vergeben wird, verleihen Universitäten für den gleichen Studiengang häufig den Abschluss B. Sc. bzw. M. Sc. Auf den Webseiten der jeweiligen Wunsch-Hochschule sieht man i. d. R. auf den ersten Blick, in welchen Abschluss das Maschinenbaustudium mündet.

Vor dem Studium: An den meisten Hochschulen in Deutschland erfolgt die Immatrikulation für ein Maschinenbaustudium ohne **Zulassungsbeschränkungen**, an einigen gibt es jedoch einen örtlichen Numerus clausus (NC). Dieser lag für den Bachelor im Durchschnitt bei 2,5, an der Hochschule für Technik, Kultur und Wirtschaft (HTWK) Leipzig lag er im WS 2023/24 beispielsweise bei 2,0, der NC für den Master lag bei 1,8.

Analog zu den Diplomstudiengängen werden auch für Bachelorstudiengänge zur Studienvorbereitung von vielen Hochschulen **Vorbereitungs-**

kurse insbesondere in den Fächern Mathe, Physik oder Chemie angeboten; nähere Informationen dazu findet man auf den jeweiligen Webseiten der Maschinenbau-Fakultäten. Auch bieten einige Universitäten/Hochschulen fachliche Orientierung speziell für angehende Studierende der Natur-, Ingenieurs- und Wirtschaftswissenschaften, so zum Beispiel die RWTH Aachen: Im Rahmen eines freiwilligen 2-semestrigen **Orientierungsstudiums** (Smart Study Start, Link: https://cls.rwth-aachen.de/cms/cls/Services-und-Projekte/~wrrys/Smartstudystart/), bei dem die Teilnehmenden Pflicht- und Wahlfächer belegen, ist es möglich, erste Einblicke in die verschiedenen Studiengänge der Hochschule zu erhalten und fachübergreifendes Grundlagenwissen auszubauen und zu vertiefen. Um die eigenen Fähigkeiten realistisch einzuschätzen und die Wahl des richtigen Studienfaches zu erleichtern, ist an der RWTH Aachen bei Einschreibung in ein Maschinenbaustudium ein **Orientierungstest** (Link: https://www.rwth-aachen.de/go/id/eft) zu absolvieren und der Nachweis darüber Bestandteil der Zulassungsvoraussetzungen, ebenso ein 6-wöchiges **Vorpraktikum**. Auch an anderen Hochschulen ist ein bis zu 12-wöchiges Vorpraktikum Voraussetzung für die Zulassung zum Maschinenbaustudium, oftmals kann dieses aber auch innerhalb der ersten Semester nachgeholt werden. Die Bedingungen variieren von Hochschule zu Hochschule, hier sollte man sich auf den Webseiten seiner Wunsch-Hochschule sehr genau informieren.

Bachelorstudium: Das Bachelorstudium Maschinenbau ist nahezu überall ein 1-Fach-Studiengang und erfordert keine weiteren Fächer zur Kombination. Die Regelstudienzeit beträgt meist 6 Semester, an einigen Hochschulen 7, selten 8 Semester. Zu Beginn des Studiums wird vor allem mathematisches und naturwissenschaftliches Wissen vermittelt; die konkreten Fächer und Abläufe variieren von Hochschule zu Hochschule. Grundsätzlich aber zählen dazu Fächer wie Höhere Mathematik, Physik, Einführung in den Maschinenbau, Technische Mechanik, Werkstoffkunde, Konstruktionslehre, Grundlagen der Elektrotechnik, Grundlagen der Elektrotechnik, Thermodynamik, Maschinengestaltung, Simulationstechnik, Programmierung, Regelungstechnik, Business Engineering u. a. Häufig sind die Studieninhalte bis zum Ende des dritten Semesters für alle Studierenden gleich, ab dem 4. oder 5. Semester stehen dann die wesentlichen Fach- und Arbeitsgebiete des Maschinenbaus im Fokus und können die Studierenden zusätzlich zu den Pflichtfächern **Wahlpflichtmodule** belegen, die eine individuelle Spezialisierung ermöglichen. Das können wie beispielsweise an der TU Braunschweig die Vertiefungsrichtungen Energie- und Verfahrenstechnik, Fahrzeugtechnik und mobile Systeme, Luft- und Raumfahrttechnik, Materialwissenschaften, Mechatronik, Produktion, Automation und Systeme sein, oder wie an der RWTH Aachen die Berufsfelder Produktionstechnik, Produktentwicklung, Energie- und Verfahrenstechnik, Textil- und Kunststofftechnik, Verkehrstechnik, oder aber wie an der HTWK Leipzig die Wahlpflichtmodule Werkstoffprüfung/Wärmebehandlung, Leichtbau-Technologien, Arbeitsvorbereitung und Betriebsorganisation, Werkzeugmaschinen/Rechnergestützte Fertigung, Fluidenergiemaschinen, Thermodynamik II, Produktionsplanung und -steuerung, Werkstoff- und Oberflächenanalytik – um nur einige Beispiele zu nennen.

Bestandteil aller Maschinenbaustudiengänge ist ein **Ingenieurpraktikum** in einem selbstgewählten Unternehmen, meist im 5., 6. oder 7. Semester und mit einer Länge von 10 bis 15 Wochen. Dies dient dazu, erste Berufserfahrungen mit realen Problemstellungen in der Praxis zu sammeln, die im Studium erworbenen theoretischen Kenntnisse zu vertiefen, aktuelle Technologien und betriebsorganisatorische Herausforderungen in der Praxis kennenzulernen.

Zum Ende des Studiums, meist also im 6. oder 7. Semester, ist die **Bachelorarbeit** zu schreiben. Dies ist eine wissenschaftliche Arbeit, in der ein spezifisches Problem aus dem Bereich des Maschinenbaus eigenständig bearbeitet wird. Nach erfolgreichem Abschluss aller Module und der Präsentation der Bachelorarbeit wird – je nach Hochschule – der akademische Grad Bachelor of Science (B. Sc.) oder Bachelor of Engineering (B. Eng.) verliehen.

Masterstudium: Das Masterstudium umfasst meist 2 bis maximal 4 Semester und kann prinzipiell als konsekutives Masterstudium der wissenschaftlichen Vertiefung des vorherigen Studiums dienen oder als nicht-konsekutives Masterstudium neue Wissensgebiete erschließen. Es soll theoretisch-analytische Fähigkeiten vermitteln und zur wissenschaftlichen Arbeit und Methodik befähigen. Der Masterabschluss ist berufsqualifizierend und berechtigt zur Promotion. Die **Zulassungsvoraussetzung** für ein Masterstudium ist ein erfolgreicher Bachelor-Abschluss. Dabei gibt es zulassungsfreie und zulassungsbeschränkte Masterstudiengänge; bei Letzteren entscheidet der Notendurchschnitt aus dem Bachelor über die Zulassung. Masterstudiengänge können an Hochschulen, Fachhochschulen und Universitäten absolviert werden, meist in Vollzeit und Präsenz, es gibt aber auch die Möglichkeit, das Masterstudium berufsbegleitend oder aber im Fernstudium zu absolvieren. In Deutschland kann man ein Masterstudium im **Fach Maschinenbau** an ca. 100 Hochschulen belegen, gleichzeitig besteht selbstverständlich die Möglichkeit, den Master komplett an einer internationalen Hochschule zu absolvieren. Die fachliche Ausrichtung, die Art und die Anzahl angebotener Vertiefungsrichtungen und Module variieren von Hochschule zu Hochschule sehr stark. – Hier sollte man also die konkreten Angebote und Bedingungen der Hochschulen sehr genau studieren und vergleichen und sich entsprechend seiner Wünsche und Neigungen für den passenden Master entscheiden (siehe Kasten).

Im letzten Semester des Masterstudiums ist eine **Masterarbeit** (auch: Masterthesis) zu schreiben. Mit ihr weist man nach, dass man in der Lage ist, selbstständig ein wissenschaftliches Problem zu bearbeiten und die Ergebnisse klar und strukturiert zu präsentieren. Der geforderte Umfang einer Masterarbeit variiert je nach Hochschule, liegt aber oft zwischen 60 und 100 Seiten. Das Thema wird in Absprache mit einem betreuenden Professor oder einer Professorin gewählt; es sollte sowohl für den Studierenden als auch für den betreuenden Lehrenden von Interesse sein und einen wissenschaftlichen Mehrwert bieten.

Beispiele für Masterstudiengänge im Fach Maschinenbau in Deutschland:

Universität Stuttgart: Das 4-semestrige Masterstudium Maschinenbau umfasst drei Wahlpflichtmodule, die aus vier Gruppen – Werkstoffe und Festigkeit, Konstruktion, Produktion sowie Energie- und Verfahrenstechnik – ausgewählt werden, sowie zwei Spezialisierungsfächer. Die insgesamt 40 branchenbezogenen Spezialisierungsfächer sind in folgende acht Gruppen untergliedert: Produktentwicklung und Konstruktionstechnik, Werkstoff- und Produktionstechnik, Mikrotechnik, Gerätetechnik und Technische Optik, Energietechnik, Fahrzeug- und Motorentechnik, Technologiemanagement, Mechatronik und Technische Kybernetik, Verfahrenstechnik. Abschluss: M. Sc.

Karlsruher Institut für Technologie (KIT): Dauer: 4 Semester. Neben allgemein verbindlichen Modulen für alle Studierenden gibt es einen Wahlbereich aus Maschinenbau und weiteren Disziplinen sowie eine frei zu wählende Vertiefungsrichtung aus folgenden Gebieten: Allgemeiner Maschinenbau, Energie- und Umwelttechnik, Fahrzeugtechnik, Mechatronik und Mikrosystemtechnik, Produktentwicklung und Konstruktion,

- **ERASMUS-Mundus-Studiengänge** werden unter Beteiligung mehrerer Hochschuleinrichtungen in verschiedenen Ländern durchgeführt, diese zeichnen sich durch ihre akademische Exzellenz aus. Der ERASMUS-Mundus-Katalog wird jährlich aktualisiert und listet Masterstudiengänge auf, die derzeit von der Europäischen Union gefördert werden. Masterstudierende aus aller Welt können sich bewerben. https://www.eacea.ec.europa.eu/scholarships/erasmus-mundus-catalogue_de
- **Auslands-BAföG**: In welchem Umfang ein Auslandsaufenthalt gefördert werden kann, hängt vom Gastland und von der Art des Aufenthalts ab; auch sind für die Auslandsförderung je nach Zielland unterschiedliche zentrale Auslandsämter in Deutschland zuständig. Nähere Informationen unter: https://www.xn--bafg-7qa.de/SiteGlobals/Forms/bafoeg/weltkarte/weltkarte_europa_formular.
- **Erfahrungsberichte, Videos, Live-Blogs**: Auf verschiedenen Seiten berichten Studierende von ihren Auslandsaufenthalten, zum Beispiel: www.studieren-weltweit.de/welt-erleben/ oder https://www.ieconline.de/erfahrungs-berichte.

(2) Praktikum im Ausland

Beim Einstieg in den Arbeitsmarkt sind die Praxiserfahrungen der Absolventinnen und Absolventen eines der wichtigsten Auswahlkriterien für die Unternehmen. – Warum also nicht gleich ein Praktikum im Ausland absolvieren und im Bewerbungsverfahren zusätzlich mit Auslandserfahrung punkten? Laut Arbeitskreis „Wege ins Ausland“ und der **Broschüre „In die Ferne, fertig, los: Dein Weg ins Auslandspraktikum“**[25] lassen sich die Vorteile eines Auslandspraktikums wie folgt zusammenfassen:

- Du eignest dir studien- und berufsbezogene Fachkenntnisse an
- Du lernst ausländische Geschäftspraktiken und Gepflogenheiten der Branche kennen
- Du verbesserst deine Chancen bei einer Bewerbung um einen Job oder um eine Weiterbildung
- Du knüpfst wichtige Kontakte für die Zukunft
- Du erwirbst interkulturelle Kompetenz
- Du entwickelst deine Persönlichkeit weiter, wirst weltoffener und selbstsicherer

Die Broschüre (Download-Link siehe Anhang) liefert jede Menge Tipps für die Suche allgemein nach einem Praktikumsplatz, zur Vorbereitung, Finanzierung etc., aber auch speziell für die Suche nach einem Praktikum im Bereich Ingenieur- und Naturwissenschaften. Denn wenn man ein Praktikum im Ausland absolvieren möchte, kann man einerseits natürlich ganz gezielt nach passenden Unternehmen suchen und Initiativbewerbungen versenden, wobei Businessnetzwerke, Branchenverbände, Social-Media-Kanäle wie LinkedIn o. Ä. bei der Auswahl helfen. Andererseits kann man aber auch auf das Know-how spezialisierter Organisationen und etablierter Programme zurückgreifen:

Praktika speziell für Ingenieur- und Naturwissenschaften[26]

- **Deutsches Komitee der IAESTE, www.iaeste.de**
  Vermittelt Studierenden technischer und naturwissenschaftlicher Fachrichtungen meist zwei- bis dreimonatige bezahlte Auslandspraktika in der Industrie und in Forschungsinstituten. Die Organisation übernimmt außerdem die Wohnungssuche und erledigt alle notwendigen Formalitäten.
- **DAAD-Stipendienprogramm RISE, www.daad.de/rise/de/rise-weltweit**
  Vermittelt Bachelorstudierenden der Natur- und Ingenieurwissenschaften anderthalb- bis dreimonatige Forschungspraktika in den Sommersemesterferien an Hochschulinstituten und Forschungseinrichtungen weltweit.
- **EU-Japan Centre for Industrial Cooperation, Programm Vulcanus, www.eu-japan.eu/events**
  Vermittelt Studierenden ingenieur- und naturwissenschaftlicher Fächer achtmonatige Praktika in Japan plus die Teilnahme an einem viermonatigen Intensivsprachkurs.
- **VDEh-Studienförderung, www.vdeh.de/stahl-akademie/stipendien**
  Vergibt an Studierende in ingenieur- oder naturwissenschaftlichen Studiengängen mit den Schwerpunkten Eisenhüttenkunde, Metallurgie sowie Stahl-Verfahrenstechnik Reisekostenzuschüsse für Praktika in ausländischen Stahlunternehmen und hilft bei der Suche nach Ansprechpersonen in den Unternehmen weiter.

- **Deutsch-Kanadische Gesellschaft, www.dkg-online.de/programme/praktikum**
  Vermittelt angehenden Ingenieurinnen und Ingenieuren sechsmonatige Praktika in Kanada. Bei erfolgreicher Vermittlung eines Praktikums wird eine Bearbeitungsgebühr für die Vermittlung und die Hilfestellung bei der Beschaffung der Arbeitsgenehmigung fällig.

Infos und Förderprogramme

- Die Webseite **www.meinauslandspraktikum.de** liefert jede Menge Infos zum Thema Auslandspraktikum – Beratungsangebote, Bewerbungstipps, Länderinfos, Kosten und Finanzierung, Förderhilfen, Unterkunft, Versicherungen, Erfahrungsberichte u. a.
- Unter finden Interessierte ebenfalls umfangreiche Informationen zu Praktika im Ausland während und nach dem Studium – ob selbstorganisiert, über eine Vermittlungsorganisation oder ein Förderprogramm – und eine Liste ganz unterschiedlicher Förderprogramme. Auf der Webseite kann man sich die **Broschüre „Mit Stipendium ins Ausland“** runterladen, die u. a. Tipps und Infos zu Stipendien für Auslandspraktika bereithält.
- Die **Zentrale Auslands- und Fachvermittlung (ZAV) der Bundesagentur für Arbeit** bietet unter **„Wege ins Ausland“** Informationen und Beratung zu den Themen Auslandsstudium und Arbeiten im Ausland: https://www.arbeitsagentur.de/vor-ort/zav/wege-ins-ausland.
- Der **DAAD** (Deutscher Akademischer Austauschdienst) ist sicherlich eine der wichtigsten Anlaufstellen zum Thema Studium und Praktikum im Ausland. Unter der **Rubrik „Im Ausland studieren, forschen & lehren“** finden sich nützliche Informationen zur Planung, Vorbereitung und Finanzierung für ein Auslandspraktikum: www.daad.de/de/im-ausland-studieren-forschen-lehren/praktika-im-ausland/.
- Die **DAAD-Broschüre „Praktikum im Ausland. So geht's“** zeigt auf, warum ein Auslandspraktikum während des Studiums attraktiv ist, sie enthält Fakten und Tipps zur Suche eines Praktikumsplatzes, zu Formalitäten, Förderungsmöglichkeiten und zum schnellen Einleben im Gastland: https://www.studieren-weltweit.de/content/uploads/2023/02/daad-praktikum-barrierefreiespdf.pdf.
- Die **Kampagne „Studieren weltweit – Erlebe es!“** ist eine gemeinsame Initiative des Bundesministeriums für Bildung und Forschung

(BMBF) und des DAAD mit dem Ziel, die Auslandsmobilität von Studierenden an deutschen Hochschulen zu erhöhen, sowohl für einen Studienaufenthalt im Ausland als auch für ein Auslandspraktikum: **www.studieren-weltweit.de**. Das Besondere an der Seite sind die Blog-Beiträge der sog. Correspondents aus aller Welt – Berichte, in denen die Studierenden/Praktikantinnen direkt und sehr authentisch von ihren Eindrücken im Ausland berichten.

- **DAAD-Stipendien:** Der DAAD hat ein breites Stipendien-Portfolio; gefördert werden neben Studienaufenthalten in unterschiedlicher Länge und Sprachkursen auch Praktika. Stipendiendatenbank unter https://www.daad.de/de/im-ausland-studieren-forschen-lehren/stipendien-finanzierung/.
- Der DAAD finanziert bspw. das **Förderprogramm „Kurzstipendien für Praktika im Ausland"** aus BMBF-Mitteln für Aufenthalte von mind. 40 Kalendertagen bis max. 3 Monaten: https://www2.daad.de/ausland/studieren/stipendium/de/70-stipendien-finden-und-bewerben/?detail=57085132.
- Ebenfalls aus Mitteln des BMBF wird das Programm „PROMOS" gefördert. Über das **PROMOS-Programm** können Hochschulen Fördermaßnahmen anbieten, z. B. Studien-, Praxis- und Sprachaufenthalte im Ausland. Praktika für Studierende sind für 6 Wochen bis 6 Monate förderbar. Link: https://www.daad.de/de/infos-services-fuer-hochschulen/weiterfuehrende-infos-zu-daad-foerderprogrammen/promos/.
- **Auslandspraktikum mit ERASMUS+**. Studierende und auch Absolvent(inn)en bis 12 Monate nach Studienabschluss können im Rahmen des EU-Programms ERASMUS+ geförderte Praktika in den EU-Mitgliedstaaten sowie in Island, Liechtenstein, Mazedonien, Norwegen und der Türkei absolvieren; Dauer: 2 bis 12 Monate. Näheres dazu: https://eu.daad.de/infos-fuer-einzelpersonen/foerderung-fuer-studierende-und-graduierte/auslandspraktikum/de/46247-auslandspraktikum-mit-erasmus/
- **Auslands-BAföG** ist eine weitere Fördermöglichkeit für Praktika im Rahmen des Studiums. Gefördert werden können Pflichtpraktika von mindestens 12 Wochen. Um festzustellen, ob eine Förderung möglich ist, gibt es den (inoffiziellen) BAföG-Check. Link: https://www.xn--bafg-7qa.de/SiteGlobals/Forms/bafoeg/weltkarte/weltkarte_formular.html.

3 Praktikerporträts

Wie vielfältig die beruflichen Werdegänge, aber auch Perspektiven im Bereich Maschinenbau sind, zeigen nachfolgende Praktikerporträts. Hier gleicht kein Lebenslauf dem anderen. Welchen Weg man nach einem Maschinenbaustudium einschlägt, ob man beispielsweise im Fahrzeugbau, in der Umwelttechnik, in der Konstruktion, im Vertrieb, im Bereich Forschung/Lehre oder bei einer Versicherung landet – das hängt natürlich von den ganz persönlichen Neigungen und Interessen ab, von den Schwerpunkten im Studium, von den Erfahrungen, die man in Praktika oder bei Auslandsaufenthalten während des Studiums gesammelt hat, manchmal aber auch von Zufällen. Dies belegen die Porträts von Praktikerinnen und Praktikern, die über ihren Berufsweg und ihren Arbeitsalltag berichten, die Maschinenbaubranche aus ihrer Sicht einschätzen und Tipps für Interessent:innen und Absolvent:innen bereithalten.

Andreas Ehrenfeuchter – Vice President Automotive flexis AG

Jahrgang 1974, Wohnorte Dachau und Stuttgart, Studium Maschinenbau an der Universität Stuttgart, Dipl.-Ing., Vice President Automotive flexis AG Stuttgart

Wie sind Sie zu Ihrer Tätigkeit gekommen?

Mir wurde vom CEO der flexis AG ein Angebot gemacht für eine sehr abwechslungsreiche und spannende Tätigkeit, dem ich nicht widerstehen konnte. Es hat mich sehr gereizt, diese Tätigkeit anzunehmen und mich der Herausforderung zu stellen.

Was machen Sie genau?

Bei der flexis AG bin ich als Vice President Automotive verantwortlich für den Vertrieb unserer Softwareprodukte im Automotive Umfeld inkl. begleitender Beratung, für die Projektrealisierung sowie für die langfristige Betreuung der Kunden, die mit unseren Produkten arbeiten. Ich führe dabei einen Bereich mit mehreren Projektleitern sowie Business-Analysten. Wir realisieren in meinem Bereich ca. 50 bis 100 verschiedene Projekte pro Jahr, große wie kleine, mit einem Umsatz von mehreren Millionen Euro. Die Software ist eine Spezialsoftware im Bereich Logistik/ Produktion zur Optimierung der Planungs- und Steuerungsabläufe.

Wie sieht ein typischer Arbeitstag bei Ihnen aus?

Das ist das Spannende. Er ist zwar meist durchgeplant mit 8 bis 12 Meetings täglich. Aber es passieren immer wieder ungeplante Dinge, die situatives Handeln erfordern. Die Meetings sind da sehr unterschiedlich veranlagt: interne Abstimmungen mit der Mannschaft, oder im Management; projektspezifische Runden konzeptioneller Art oder Status-Meetings; Gespräche mit Kunden in Form von Meetings oder Vor-Ort-Besuchen. Seit Corona sind viele Meetings komplett online, z. B. über

Microsoft Teams. Dies erspart auf der einen Seite viel Transfer- und Reisezeiten, lässt aber häufig auch mal den direkten Kontakt mit den Menschen vermissen. Der Vorteil der Online-Meeting-Welt: Der eigentliche Arbeitsort ist dabei sehr flexibel. Dies kann bei mir das Office in der Firma sein, mein Homeoffice in Stuttgart oder Dachau oder ein beliebiger anderer Ort irgendwo auf der Welt, solange es schnelles Internet gibt.

Was gefällt Ihnen an Ihrer aktuellen Aufgabe besonders?
Sie ist sehr abwechslungsreich und vielfältig. Und es kommen immer wieder neue Herausforderungen auf den Tisch, die sich nicht gleich binnen weniger Minuten lösen lassen. Die Kombination aus Vertrieb, strukturierter Projektsteuerung, kreativem/konzeptionellem Arbeiten, aber auch administrativen/kaufmännischen Tätigkeiten reizt mich sehr. Die Möglichkeit, als Software-Anbieter mit sehr vielen großen Automotive-Konzernen der Welt im Kontakt zu sein, hat hier durchaus auch ihren Reiz, vor allem wenn man wie ich selbst knapp 20 Jahre in einem solchen Konzern gearbeitet hat. Ich verstehe die Denkweise, die Sprache und die Herausforderungen meiner Kunden, was enorme Vorteile mit sich bringt, da ich mich sofort in deren Lage versetzen kann.

Wie schätzen Sie persönlich den Stellenwert der Maschinenbaubranche ein?
Der Maschinenbau war und ist eine *der* Kern-Industrien, die das Leben von uns Menschen sehr deutlich beeinflussen. Sei es durch die Produkte, die sowohl Personen als auch Güter transportieren – zu Land, zu Wasser, in der Luft –, aber auch durch Produkte, die uns im täglichen Leben zu Hause begegnen, wie unsere Hausgeräte. Vor allem in Europa und bei uns in Deutschland hat der Maschinenbau nach wie vor einen sehr hohen Stellenwert. Auch wenn ich selbst nicht mehr direkt in der Maschinenbau-Branche arbeite, habe ich tagtäglich damit zu tun, da faktisch alle meine Kunden dieser Branche angehören.

Welche Fähigkeiten/Voraussetzungen sollte man für den Beruf mitbringen?
Technisches Grundverständnis, logisches Denken, eine sehr hohe Abstraktionsfähigkeit und vor allem auch einen Spürsinn für pragmatische Lösungen sollte man unbedingt mitbringen. Auch wenn der Schwerpunkt häufig technisch orientiert ist – eine sehr gute Kommunikationsfähigkeit bereitet den Weg in Richtung Erfolg. Wenn du es schaffst, hochkomplexe

und abstrakte Dinge/Abläufe/... so einfach zu erklären und dazustellen, dass dein Gegenüber dich auf Anhieb versteht, steht einer spannenden Karriere nichts mehr im Weg.

Welche Tipps können Sie Absolventen oder angehenden Studenten geben?
Offen sein für verschiedene Themenschwerpunkte. Die Vertiefungsfächer im Studium durchaus auch so wählen, dass man sich sehr breit ausrichtet. Es ist eher selten, dass man später genau in dem Bereich bleibt, für den man sich im Studium ausgerichtet hat. Auch die Auslandserfahrung während oder unmittelbar nach dem Studium ist immer noch entscheidend, um die eigene Persönlichkeit weiterzuentwickeln und sich in einer global vernetzten Welt sicher bewegen zu können. Und auch wenn heute sehr viel digital abläuft – einen analogen Stift gestalterisch und kreativ zu führen, hat auf manchen Flipcharts entscheidend zum Erfolg beigetragen. Investiert hier durchaus ein Stück eurer Ausbildung auch in diese Richtung, *wie* Themen visualisiert und kommuniziert werden können. Das wird euch später sehr viel Freude und Erfolg bringen.

Wie sieht es mit den Karrieremöglichkeiten aus?
Aus meiner Sicht sehr gut. Ein gut ausgebildeter Maschinenbau-Ingenieur hat immer die Möglichkeit, diversen Tätigkeiten nachzugehen und dabei Karriere zu machen. Entscheidend dabei ist: Wenn die Tätigkeit Spaß macht und man mit Leidenschaft dabei ist, kommt der Erfolg häufig von selbst.

Das Besondere/Spannende an meinem Beruf ist ...
... sich täglich neuen Herausforderungen zu stellen und die Freude daran zu haben, mit erfolgreich abgeschlossenen Projekten den Kunden ein Stück mehr Professionalität und Erfolg gegeben zu haben.

Marlene Dietz – Entwicklungsingenieurin bei der Stadler Deutschland GmbH

Jahrgang 2020, Bachelor of Engineering (B. Eng.), Studium Maschinenbau mit Schwerpunkt Konstruktionstechnik von 2016 bis 2020 an der Berliner Hochschule für Technik (ehemals Beuth Hochschule für Technik), heute Entwicklungsingenieurin bei der Stadler Deutschland GmbH in Berlin

Mein Weg in den Beruf

Für meine Bachelorarbeit war die TU Berlin mein Praxispartner, da die BHT keine eigene Fakultät für Schienenfahrzeuge hat. Die TU bot mir die Möglichkeit, meine Arbeit in diesem Bereich zu schreiben. Währenddessen erzählte mir mein Betreuer dort von einem kleineren Konstruktions-Dienstleister-Unternehmen im Schienenfahrzeugsektor, das interessante Tätigkeitsfelder bot.

Ich informierte mich über das Unternehmen, fand die Aufgabenbereiche passend und reichte meine Bewerbung ein. Kurz darauf wurde ich zu einem Vorstellungsgespräch eingeladen – und zufällig fiel der Termin genau auf den Tag meiner Abschlussverteidigung. Das bedeutete, dass ich morgens das Vorstellungsgespräch hatte und anschließend direkt zur Verteidigung meiner Bachelorarbeit fuhr. Es war ein anspruchsvoller, aber auch sehr ereignisreicher und spannender Tag. Am Ende erhielt ich die Zusage und begann als Mechanical Design Engineer bei diesem Dienstleister. Unser Konstrukteur-Team bestand aus vier Kollegen, mich eingeschlossen.

Schon damals bewarb ich mich auch bei Stadler, wurde jedoch aufgrund fehlender Berufserfahrung abgelehnt. Zwei Jahre und eine Pandemie später wollte ich den nächsten Schritt gehen und in einen großen Konzern wechseln, um die Neuentwicklung von Schienenfahrzeugen aus erster Hand mitzuerleben. Doch erneut erhielt ich eine Absage von Stadler – also wechselte ich zur Konkurrenz und wurde dort als Entwicklungsingenieurin eingestellt.

Nach etwa einem Jahr bewarb ich mich erneut bei Stadler – diesmal erfolgreich. Seit August 2023 bin ich dort als Entwicklungsingenieurin tätig.

Meine Aufgaben als Entwicklungsingenieurin
Ich betreue eine Baugruppe als Baugruppenverantwortliche (BGV). Das bedeutet, dass ich für die Konzeptentwicklung sowie teilweise für die detaillierte Ausarbeitung und Zeichnungserstellung verantwortlich bin. Darüber hinaus halte ich den Kontakt zu Lieferanten, organisiere die gesamte Dokumentation und koordiniere technische Abstimmungen mit Kunden. Kurz gesagt: Alles, was diese Baugruppe im Fahrzeug betrifft, läuft über meinen Tisch.

Mein Arbeitstag
Wenn ich ins Büro fahre, starte ich meinen Tag mit einer Tasse Kaffee und arbeite zunächst meine E-Mails ab. Danach hängt mein Tagesablauf stark von der aktuellen Projektphase ab. In frühen Phasen liegt mein Fokus auf Konstruktion und Entwicklung, je näher wir dem Final Design Review kommen, desto organisatorischer werden meine Aufgaben.

Arbeit im Homeoffice unterscheidet sich für mich kaum – ich setze mich mit meinem Kaffee an meinen heimischen Schreibtisch und erledige dieselben Aufgaben.

Was mich an meiner Arbeit begeistert
Mich fasziniert es, etwas zu erschaffen, das später in einer Bahn verbaut wird. Ich bin privat ein echter Bahn-Enthusiast – für mich gibt es kaum etwas Cooleres, als in einer Bahn zu sitzen und zu wissen: „Diese Baugruppe stammt von mir!“ Ich kenne jede Einzelheit meiner Baugruppe und finde es spannend, zu sehen, wie aus einer Idee ein funktionierendes, echtes Produkt wird.

Die Bedeutung der Maschinenbaubranche
Ich sehe die Zukunft der Maschinenbaubranche als äußerst vielversprechend. Besonders im Schienenfahrzeugbau wird sie durch die Klimaziele weiter an Bedeutung gewinnen. Die deutsche Schienenfahrzeugindustrie ist international konkurrenzfähig und hat großes Potenzial. Auch insgesamt gehört der Maschinenbau zu den ältesten und wichtigsten Branchen weltweit – und wird sich mit neuen Technologien wie KI weiterentwickeln und bestehen bleiben.

Wichtige Fähigkeiten für meinen Beruf
Selbstorganisation ist für mich die wichtigste Fähigkeit – gerade als Baugruppenverantwortliche muss ich meine Aufgaben effizient strukturieren und abarbeiten. Kommunikation spielt ebenfalls eine entscheidende Rolle, besonders mit Kollegen, die an angrenzenden Baugruppen arbeiten. Außerdem sollte man anpassungsfähig sein. Es kommt vor, dass ich spontan eine neue Baugruppe übernehme oder vertrete, ein anderes CAD- oder PDM-System nutzen muss oder kurzfristig eine Präsentation halte. Flexibilität ist daher ein echter Vorteil.

Mein Tipp für Absolventen und Studierende
Dranbleiben und durchhalten! Im Studium gibt es immer Fächer, die einem leichter oder schwerer fallen – aber mit Disziplin ist alles machbar (ja, auch Thermodynamik!). Falls eine Klausur nicht bestanden wird, sollte man nicht den Kopf in den Sand stecken, sondern weitermachen.

Und frischen Absolventen, die wegen fehlender Berufserfahrung keine Stelle bekommen (so wie ich bei Stadler gefühlte einhundert Mal abgelehnt wurde), kann ich nur raten, auch bei kleineren oder mittelständischen Unternehmen nach ausgeschriebenen Stellen zu schauen.

Der Einstieg in die Maschinenbaubranche verläuft nicht immer geradlinig. Absagen gehören dazu, aber wenn man dranbleibt, öffnet sich irgendwann die richtige Tür.

Karrieremöglichkeiten in meiner Branche
Die Möglichkeiten im Maschinenbau sind riesig. Wer im technischen Bereich anfängt, kann sich je nach Interesse in Richtung Projektmanagement oder Führungsebene entwickeln. Vom technischen Zeichner bis zum Projektleiter oder Teamchef – und sogar bis in die Geschäftsführung – ist alles möglich. Ich fühle mich aber als Entwicklungsingenieurin pudelwohl.

Das Besondere an meinem Beruf
Kein Tag ist wie der andere! Die Aufgaben sind vielseitig, es gibt immer neue Herausforderungen – und manchmal gibt es besondere Momente, die mich daran erinnern, warum ich diesen Beruf so liebe.

Neulich saß ich in Berlin in einer S-Bahn der Baureihe 483/484 (von Stadler und Siemens) und hörte zufällig das Gespräch einer Mutter mit ihrem kleinen Sohn mit. Sie sprachen begeistert darüber, wie modern und bequem die neuen S-Bahnen sind. Obwohl ich an diesem Fahrzeug selbst nicht mitentwickelt habe, hat mich das unglaublich gefreut. Es zeigt, welchen Einfluss unsere Arbeit auf das tägliche Leben der Menschen hat – und genau das macht diesen Beruf so besonders.

Reinhold Schaar - Technischer Sachverständiger und Dozent

Wohnort: Weichs im Landkreis Dachau, Studium Allgemeiner Maschinenbau/Schwingungsmesstechnik an der FH München, Abschluss Dipl.-Ing (FH) 1982; selbstständig mit einem Ingenieurbüro als technischer Sachverständiger, als Lehrbeauftragter an der Technischen Hochschule in Ingolstadt (THI) sowie als Dozent für Schweißtechnik und zerstörungsfreie Prüftechnik (ZfP)

Wie sind Sie zu Ihrer Tätigkeit gekommen?

Im Rahmen meiner Diplomarbeit bei Messerschmitt-Bölkow-Blohm (MBB in Ottobrunn, heute Airbus Group) führte ich elektrochemische Korrosionsversuche durch zum Thema „Kontaktkorrosion zwischen kohlenfaserverstärkten Werkstoffen (CFK) und metallischen Luftfahrtwerkstoffen". Das neue Airbus-Seitenleitwerk sollte aus CFK-Werkstoff gefertigt werden, und durch Laborversuche war nachzuweisen, ob und in welchem Umfang bei der Anbindung der CFK-Bauteile an den metallischen Rumpf des Flugzeuges eine Kontaktkorrosion auftreten kann. Im Rahmen dieser Versuche hatte ich Kontakt zum Forschungsinstitut der Allianz Versicherung in Ismaning bei München. Die Allianz leistete sich dort das in Europa führende Institut für Schadenuntersuchung und Schadenforschung, das Allianz Zentrum für Technik (AZT) – Industrielle Technik (wurde aufgrund eines geänderten Geschäftsmodells in 2022 leider geschlossen). Der Institutsbereich „AZT Automotiv – Kompetenzzentrum für Automobiltechnologie" ist in Ismaning noch aktiv. Durch den Kontakt mit der Einrichtung erfuhr ich von einer freien Stelle im Bereich „Zerstörungsfreie Werkstoffprüfung (ZfP)" und wurde schließlich eingestellt.

Was machen Sie genau?

Mein Arbeitgeber stellte mich zeitweise frei, damit ich mich zusätzlich als „Internationaler Schweißfachingenieur" (International Welding Engineer – IWI) beim Deutschen Verband für Schweißen und verwandte

Verfahren (DVS) qualifizieren konnte (https://www.gsi-slv.de/aus-weiterbildung/theoretische-ausbildung/schweissaufsichtspersonal/schweiss-fachingenieur-sfi/). Außerdem konnte ich mich auf dem Gebiet der Zerstörungsfreien Prüfung (ZfP) in fünf Prüfverfahren weiter qualifizieren und Zertifikate der Stufe 3 (Ingenieurstufe) nach DIN EN ISO 9712 bei zahlreichen Lehrgängen der Deutschen Gesellschaft für Zerstörungsfreie Prüfung erwerben (https://www.dgzfp.de/).

Meine Aufgaben im AZT waren dann: Schadenuntersuchungen an Maschinen und Anlagen durchzuführen, Anlagen zu überprüfen, bevor für diese eine Versicherungsdeckung erfolgte, und im Rahmen des Kundenservices alle Arten von Komponenten in großen Industrieanlagen vorsorglich auf etwaige Schäden mit zerstörungsfreien Methoden zu überprüfen. Aufgrund meiner zusätzlich erworbenen Qualifikationen wurde ich vor allem bei der Schadenuntersuchung und Schadenforschung im Bereich der Schweißtechnik beauftragt sowie mit der Entwicklung und der Abgabe von Empfehlung für den Einsatz von „Zerstörungsfreien Prüfmethoden", um Schäden bzw. deren Auswirkungen zu begrenzen.

Die Allianz überführte 2006 die Versicherung der Industriellen Großkunden in die Allianz Global Corporate & Specialty SE (AGCS https://www.agcs.allianz.com/about-us/about-agcs.html) – heute einer der weltweit größten Industrieversicherer. Durch diese Änderung wurde ich zunehmend weltweit eingesetzt und war so an der Untersuchung von Großschäden in 50 Ländern beteiligt.

Wie sieht ein typischer Arbeitstag bei Ihnen aus?

Die Arbeit bei einem technischen Versicherer als technischer Sachverständiger ist sehr vielfältig. Weil Schäden meist sehr überraschend in den unterschiedlichsten Bereichen auftreten, verläuft jeder Tag anders. Man wird von den Risikoexperten oder Schadeningenieuren, die vor Ort zuerst beim Kunden sind, angerufen und als Experte für Schweiß- und Prüftechnik hinzugezogen. Aber auch Kunden, Makler, Juristen kontaktieren einen direkt, wenn man im Laufe der Jahre einen gewissen Bekanntheitsgrad erreicht hat. Häufig ist es erforderlich, vor Ort zu reisen und den Schaden zu begutachten sowie Untersuchungsproben auszuwählen. Diese Proben werden dann in eigenen Laboreinrichtungen oder in spezialisierten Drittlaboren/Instituten untersucht.

Anhand der Untersuchungsergebnisse, ggf. in Kombination mit Nachrechnungen oder Simulationsberechnungen, muss man dann die mögliche

Ursache bewerten und Gutachten oder Prüfberichte verfasse. Dabei gibt man auch Empfehlungen ab, wie in der Zukunft ein derartiger Schaden vermieden kann. Über die gewonnenen Erkenntnisse berichtet man in Workshops beim Kunden, beim Versicherer und auf Konferenzen.

Was gefällt Ihnen an Ihrer aktuellen Aufgabe besonders?
Jeder Schadenfall ist wie ein Kriminalfall. Es ist immer wieder sehr spannend, mögliche Schadenhypothesen aufzustellen und die Ursache zu klären, wenn es um Schadenfälle in Millionenhöhe geht. Sehr interessant ist es auch, mit den unterschiedlichsten Fachdisziplinen zusammenzukommen. Das Spektrum reicht von der Befragung des Arbeiters vor Ort bis zum Austausch mit Juristen, Kaufleuten und anderen technischen Experten

Wie schätzen Sie persönlich den Stellenwert der Maschinenbaubranche ein?
Wer Allgemeinen Maschinenbau studiert, verfügt über ein breites technisches Wissen und ist somit in den unterschiedlichsten Industriebereichen und Berufsfeldern einsetzbar, wie zum Beispiel auch im Bereich der Technischen Versicherungen.

Welche Fähigkeiten/Voraussetzungen sollte man für den Beruf mitbringen?
Die ständige Bereitschaft, sich weiterzubilden, ist eine wesentliche Voraussetzung. Gute Fremdsprachenkenntnisse sind zudem bei weltweiten Einsätzen von Vorteil. Außerdem muss einem klar sein, dass die Ursachenklärung bei großen Schadenfällen zeitkritisch ist, um Ausfallkosten zu verringern. Arbeitszeiten am Wochenende oder Unterbrechungen des Urlaubs – wenn man ein gefragter Experte ist – können manchmal vorkommen.

Welche Tipps können Sie Absolventen oder angehenden Studenten geben?
Mit einem technischen Studium gibt es sehr spannende Tätigkeiten bei den großen technischen Versicherungen und auch bei den Rückversicherungen. Dort werden sogar ehemalige Piloten (Aviation), Kapitäne (Marine), Mediziner, Apotheker (Liability), Juristen und andere Fachexperten wie Brandsachverständige, Chemiker und Agrar- und Umweltexperten eingesetzt.

Unabdingbar ist aber, dass man eine große Erfahrung und ein umfangreiches Wissen benötigt – drei Jahre Berufserfahrung, die man auch als Trainee gewinnen kann – und ein sehr gutes persönliches Standing sind notwendig, wenn man bei großen Schäden in Besprechungen mit vielen Teilnehmern seinen Standpunkt vertreten muss.

Wie sieht es mit den Karrieremöglichkeiten aus?
Für Ingenieure gibt es bei den technischen Versicherungen, Rückversicherungen und Maklern für Industrieversicherungen vielfältige Karrieremöglichkeiten als Risikoingenieur, Schadeningenieur, technischer Sachverständiger, technischer Consultant, Underwriter und vieles mehr ...

Das Besondere/Spannende an meinem Beruf ist ...
... die Vielfältigkeit, Langweile kommt sicher nicht auf. Darüber hinaus die Entscheidungsfreiheit und die Möglichkeit, in vielen Ländern auf der Welt als Experte kurzzeitig arbeiten zu können.

Johanna Viktor - Innovationsmanagerin KI BVG

Wohnhaft in Berlin, Studium Sinologie mit Auslandsaufenthalt in Taiwan (München 2005-2010), Magister, Duales Studium Maschinenbau (Berlin 2012-2016), Bachelor, heutige Tätigkeit: Innovationsmanagerin KI BVG (Berliner Verkehrsbetriebe) Berlin

Vom Maschinenbau zur KI-Expertin im ÖPNV - Wie meine Technikbegeisterung und Neugier neue Karrierepfade eröffneten

Maschinenbau war für mich immer die Schnittstelle zwischen Kreativität und Logik – so begann meine berufliche Reise. Nach meinem dualen Studium bei Siemens startete ich zunächst in klassischen Projekten – Planung der Werkzeuge und Ingenieure für den Aufbau neuer Gasturbinen in China oder dem Sudan. Aber meine Neugier zog mich schnell in Richtung Datenanalyse. Ich merkte, dass die Digitalisierung völlig neue Möglichkeiten bietet – etwa IoT-Sensoren in Maschinen, die Predictive Maintenance ermöglichen.

Mein Gamechanger? 2018 ermöglichte Siemens mir eine 3-monatige Vollzeit-Weiterbildung, um mich zur KI-Spezialistin zu qualifizieren. Ich wollte nicht nur Tools bedienen, sondern verstehen, wie Algorithmen Entscheidungen treffen. Heute arbeite ich bei den Berliner Verkehrsbetrieben (BVG AöR) und bringe KI in den öffentlichen Nahverkehr. Hier kann ich Technik von heute mit gesellschaftlicher Relevanz verbinden – das gibt meiner Arbeit Sinn.

Mein Arbeitsalltag: Von Strategie bis Hands-on-Coding

Ein typischer Tag ist ein Mix aus Vision und Pragmatismus:

- **Morgens:** Workshop mit der Data & Analytics-Abteilung zur KI-Strategie – etwa die Frage: In welchem Fall entwickeln wir eigene Modelle, wann kaufen wir SaaS (Software as a Service)?
- **Mittags:** Impulsveranstaltung zu den GenKI Tools von Microsoft für 300 Pilotnutzende: Ich erkläre nicht nur die Technik, sondern helfe kontinuierlich zu erkennen, wo diese Tools den Arbeitsalltag erleichtern.

- **Nachmittags:** Datenanalyse für die E-Bus-Wartung: Mit Python und GenKI-Tools erhalte ich einen ersten Einblick, welche der knapp 700 Sensoren für die Prognose der Lebensdauer der Akkus relevant ist.

Am meisten liebe ich die Vielfalt:

- Strategische Ziele erarbeiten
- Mini-Piloten entwickeln und betreuen, um Verwaltungsprozesse oder betriebliche Abläufe zu vereinfachen
- Kolleg:innen vom Werkstattmeister bis zum Vorstand mit KI vertraut machen.

Mein Maschinenbau-Studium: Warum das heute Gold wert ist

Meine Kernkompetenz? Prozesse verstehen – das habe ich im Maschinenbau perfekt gelernt. Wenn ich heute mit Kolleg:innen über Predictive Maintenance spreche, weiß ich genau, welche Schmerzpunkte sie bei Wartungsplänen haben.

Mein Tipp: Nutzt euer technisches Grundverständnis als Brücke! Ob KI oder Robotik: Am Ende geht es um reale Probleme – und da punktet, wer die Sprache der Maschinen und der Menschen spricht.

Meine Skills für die Zukunft: Mehr als Coding

Für KI-Rollen braucht man drei Dinge:

- **Lernhunger:** Neue Tools wie LLMs entwickeln sich rasant – wer hier neugierig bleibt, hat die Nase vorn.
- **Analytisches Denken:** Nicht jeder muss programmieren, aber jeder sollte Daten kritisch hinterfragen können.
- **Durchhaltevermögen:** In traditionellen Branchen braucht es Geduld – nicht jeder ist sofort techbegeistert.

Meine Karrieremöglichkeiten: Wo die Reise hingeht

Die Nachfrage nach KI-Expert:innen explodiert – besonders in Branchen wie Verkehr, Energie oder Produktion. Mögliche Rollen sind:

- KI-Product-Owner: Brücken bauen zwischen IT und Fachabteilungen
- Change Manager: Digitalisierungsprozesse in Unternehmen steuern und begleiten
- Ethik-Beauftragte: KI-Systeme verantwortungsvoll gestalten

Wer Maschinenbau mit Digital-Know-how kombiniert, hat ein einzigartiges Profil – denn kaum jemand versteht sowohl physische Systeme als auch deren digitale Zwillinge.

Das macht meinen Job einzigartig
Ich gestalte Zukunft konkret: Wenn ein E-Bus dank KI seltener ausfällt, spüre ich direkt den Impact. Gleichzeitig erlebe ich, wie eine 130-jährige Behörde sich neu erfindet – das ist historisch und hochinnovativ zugleich.

Mein letzter Rat an alle Absolvent:innen
Traut euch, Querdenker zu sein! Sucht Unternehmen, die alte Stärken mit neuen Technologien verbinden. Und: Lernt die Basics von KI – nicht um Tools zu bedienen, sondern um die richtigen Fragen zu stellen. Das wird euch unersetzlich machen.

Anke Bucher – Professorin für Angewandte Mechanik an der HTWK Leipzig

Studium Maschinenbau 1987 bis 1993 an der TU Dresden, Wohnort: Leipzig. Während des Studiums ERASMUS-Praktikum an der École Nationale Supérieure de l'Aéronautique et de l'Espace in Toulouse/Frankreich, anschließend dort mehrjähriger Arbeitsaufenthalt. Ab 1997 Forschung an der TU Chemnitz in DFG-Projekten, 2001 Promotion (Dr.-Ing.). Im Jahr 2007 Berufung auf die Professur „Angewandte Mechanik" an der HTWK Leipzig.

Wie sind Sie zu Ihrer Tätigkeit gekommen?

Ich habe mich schon immer sehr für die Mathematik begeistert und mir das Maschinenbaustudium in der Fachrichtung Angewandte Mechanik herausgesucht, weil sich darin die Mathematik in großem Umfang wiederfindet. Das ist sozusagen die Berechnungsseite des Maschinenbaus. Da ich gern eigene Ideen umsetzen wollte, war für mich die Forschung schon immer ein sehr reizvolles Feld, in dem man etwas ausprobieren und sich verwirklichen kann. Mit meiner Tätigkeit im Rahmen meiner Promotion an der TU Chemnitz hatte ich sehr großes Glück, da mein Doktorvater, Prof. Kreißig, mich umfangreich gefördert hat. Gleichzeitig war dieser Lebensabschnitt geprägt von den im Forschungsbereich üblichen, projektbedingten befristeten Anstellungen, die eine Zukunftsplanung, insbesondere mit zwei Kindern, schwierig gestalten. So war ich sehr glücklich, als ich auf die Professur an der HTWK Leipzig berufen wurde und ich damit den ersten unbefristeten Arbeitsvertrag meines Lebens in Händen hielt.

Was machen Sie genau?

Ich bin hauptsächlich im Grundlagenstudium in den Bachelorstudiengängen des Maschinenbaus, des Wirtschaftsingenieurwesens und der Energietechnik tätig. Dort bringe ich den Studenten grundlegende analytische Berechnungsmethoden der Technischen Mechanik in den Kursen der Statik, der Festigkeitslehre sowie der Kinematik und Kinetik bei. Die wesentlichen Fragen im Maschinenbau sind ja häufig: Hält das Bauteil oder hält es nicht? Wie stark verformt es sich? Ist die Sicherheit der Konstruktion gewährleistet? Damit all diese Fragen nicht erst beantwortet werden können, wenn das Bauteil fertig hergestellt wurde, nutzt man analytische und numerische Berechnungsmethoden, um Vorhersagen treffen zu können. Mir macht es große Freude, diese Methoden den Studenten zu vermitteln. Daneben bleibt zum Glück auch ein wenig Zeit für Forschung, aktuell steht das Thema Oberflächennahe Geothermie hier an erster Stelle.

Wie sieht ein typischer Arbeitstag bei Ihnen aus?
Meine Arbeitstage sind in der Vorlesungszeit natürlich mit verschiedenen Vorlesungen und Übungen gefüllt. Hier versuche ich, den Vorlesungsstoff auf verständliche Weise den Studenten nahezubringen. Dazu verwende ich auch E-Learning-Plattformen, auf denen zum Beispiel verschiedene Übungsaufgaben erstellt werden können. Daneben gilt es, den Überblick über das laufende Forschungsprojekt zu behalten. In den Semesterferien besteht dann häufiger die Möglichkeit, sich weiterzubilden und an Kongressen teilzunehmen.

Was gefällt Ihnen an Ihrer aktuellen Aufgabe besonders?
Mir gefällt besonders die Interaktion mit den Studenten. Ich erkläre gern Zusammenhänge und versuche die Studenten bei deren Erkennen zu unterstützen. Ich liebe aber auch die große Freiheit, die mir der Beruf einer Professorin bietet. Ich kann selbst entscheiden, wie ich meine Lehrveranstaltungen aufbaue, welche Forschungsthemen mich interessieren, welche Ideen ich diesbezüglich umsetzen möchte und mit wem ich dazu zusammenarbeiten will. Diese große Freiheit ist wunderbar und sorgt auch dafür, dass es mir in meinem Beruf nie langweilig wird. Was mich auch zutiefst befriedigt, ist die Überzeugung, etwas wirklich Sinnvolles zu tun, nämlich jungen Menschen wichtige technische Grundlagen beizubringen und sie damit fit für ihren zukünftigen Arbeitsalltag zu machen.

Welche Fähigkeiten/Voraussetzungen sollte man für den Beruf mitbringen?
Man sollte natürlich Mathematik und Physik mögen, ohne die geht's wirklich nicht. Wenn man dazu auch mit Informatik nicht auf Kriegsfuß steht, ergibt das schon mal ein sehr gutes Startpaket. Im Maschinenbau wird häufig in Teams gearbeitet, sodass man im besten Fall also auch teamfähig sein sollte. Und dann gehört natürlich noch eine gute Portion

Neugier dazu sowie die Lust, Neues auszuprobieren und sich ständig weiterzubilden.

Welche Tipps können Sie Absolventen oder angehenden Studenten geben?
Von Anfang sollte man beständig am Ball bleiben, keine Lücken zulassen, denn oft ist das, was man heute lernt, morgen das Handwerkszeug für Neues. Ein gutes Zeitmanagement spielt auch eine große Rolle. Außerdem sollte lieber einmal mehr nachgefragt werden als zu wenig. Und keine Angst haben, auf den Professor zuzugehen. Wir beißen nicht. ;-)

Wichtig finde ich auch, einmal über den eigenen Tellerrand zu schauen und ins Ausland zu gehen. Das geht im Studium zum Beispiel im Rahmen von ERASMUS so einfach, wie es später vermutlich nie wieder der Fall sein wird. Diese Möglichkeit der Horizonterweiterung und des Spracherwerbs sollte unbedingt genutzt werden.

Wie sieht es mit den Karrieremöglichkeiten aus?
Ich meine, dass die Karrieremöglichkeiten im Maschinenbau mehr als gut sind. Mir ist jedenfalls noch nicht zu Ohren gekommen, dass Studenten länger als drei Monate auf Jobsuche gewesen wären. Oft ergeben sich direkt Einstiegsmöglichkeiten nach einer erfolgreich absolvierten Bachelor- oder Masterarbeit.

Das Besondere/Spannende an meinem Beruf ist ...
Die Grundlagenkenntnisse, die im Maschinenbau vermittelt werden, sind sehr breit anwendbar. Das eröffnet ein überaus großes Betätigungsfeld und spannende Projekte. Es geht nicht nur Werkzeugmaschinen oder Fahrzeuge, sondern auch um Fragestellungen aus der Biomechanik, aus der Geothermie und vieles mehr. Gerade auch in Bezug auf die Energiewende findet sich ein großer Berg an Fragestellungen, die gelöst werden müssen. Hier braucht es für die Zukunft fähige Ingenieure, die die Herausforderungen anpacken und stemmen.

Markus Ostermeier - Gründer und geschäftsführender Gesellschafter der ostermeier H2ydrogen Solutions GmbH (OHS)

Jahrgang 1975, Maschinenbaustudium an der Technischen Universität München (TUM) von 1996 bis 2001, anschließend Promotion am Lehrstuhl für Umformtechnik und Gießereiwesen der TUM (Dr.-Ing.), verschiedene Positionen bei MAN Diesel & Turbo SE in Augsburg, danach Mitarbeit bei den Start-ups Electrochaea GmbH, Jolt Energy Ltd. und CM Fluids AG, heute Gründer und geschäftsführender Gesellschafter der ostermeier H2ydrogen Solutions GmbH (OHS) in Schweitenkirchen. Wohnhaft in München.

Wie sind Sie zu Ihrer Tätigkeit gekommen?

In einem Wort beschrieben wäre meine Antwort „Serendipity". Nach meiner Promotion habe ich meine berufliche Laufbahn begonnen als Assistent der Geschäftsführung in der Business Unit Power Plants bei MAN Diesel & Turbo SE (MDT). Da mein erster Chef das Unternehmen kurz nach meinem Einstieg verlassen hat, wurde ich maßgeblich in ein größeres Restrukturierungsprogramm eingebunden und habe dadurch einen guten Überblick über „meine" Business Unit erhalten. Anschließend wurde ich Assistent des CEO und konnte dadurch meinen Überblick auf das gesamte Unternehmen ausweiten. Während dieser Zeit, genauer 2013, bin ich mit Power-to-X in Berührung gekommen. Da sich im Unternehmen niemand stark für dieses Thema interessiert hat, konnte ich das Themenfeld „besetzen". Ich habe dann lange versucht, Power-to-Gas stärker im Unternehmen zu verankern, da es sehr gut in das bestehende Produktportfolio gepasst hätte. Leider war ich nicht erfolgreich, gleichzeitig konnte ich mir jedoch in dieser Zeit ein großes Netzwerk im Bereich Power-to-X aufbauen, das auch heute noch trägt.

Im Jahr 2016 habe ich von MDT zur Electrochaea GmbH, ein Start-up für biologische Methanisierung, gewechselt und war dort für Produktentwicklung und Business Development verantwortlich. Relativ schnell war klar, dass es für synthetisches Methan weltweit (noch) kein tragbares Geschäftsmodell gibt – für Wasserstoff jedoch schon. 2018 konnte ich in das Unternehmen meines Bruders wechseln und meine Arbeit am Thema

Wasserstoff beginnen. Der Fokus lag von Anfang an auf dezentralen Wasserstofflösungen und damit einer kleinen, modular aufgebauten Elektrolyse. Durch meine damalige Lehrtätigkeit an der Hochschule München hatte ich guten Kontakt zur Hochschule und konnte einen sehr guten Studenten als Produktentwickler gewinnen. 2020 war die erste Elektrolyse fertig und waren erste Kunden gefunden. Deshalb haben mein Bruder und ich 2021 die ostermeier H2ydrogen Solutions GmbH als eigenständiges Unternehmen für das Themenfeld lokale Wasserstofflösungen gegründet. Seitdem bin ich einer von zwei Geschäftsführern des Unternehmens.

Was machen Sie genau?
Mein Schwerpunkt ist Business Development und Vertrieb. Mein Bruder verantwortet Produktentwicklung und Produktion. Da wir noch ein sehr kleines Unternehmen, ein Start-up sind, sind die Verantwortungsbereiche fließend. Ich kümmere mich neben der Gewinnung von Kunden auch um Berichte für unsere Investoren, die Gewinnung neuer Investoren, die Erstellung von Broschüren, die Organisation von Messen, strategische Themen im Blick auf die Optimierung unseres Produktportfolios, den Kauf von Büromöbel, die Auswahl von Software, um Prozesse zu automatisieren und was sonst noch so alles zu tun ist.

Wie sieht ein typischer Arbeitstag bei Ihnen aus?
Manchmal ab 7 Uhr erste E-Mails bearbeiten. Gegen 8 Uhr von der Wohnung 30 bis 45 Minuten mit dem Auto in die Arbeit fahren. Im Tagesverlauf viele Besprechungen mit potenziellen Kund:innen, Mitarbeiter:innen, Lieferanten, ... mittlerweile etliche davon online. Manchmal Mittagessen, manchmal keines. Im Idealfall abends gegen 19 oder 20 Uhr Heimfahrt.

Was gefällt Ihnen an Ihrer aktuellen Aufgabe besonders?
Mir gefällt mein großer Gestaltungsspielraum. Ich habe die Freiheit, zu gestalten, und bekomme meine Verantwortung durch das Feedback auf meine Entscheidungen gespiegelt. Ich kann vorausdenken, ohne mich ständig dafür rechtfertigen zu müssen. Ich kann mein Netzwerk vergrößern und darf viele interessante Menschen treffen, die ich als Angestellter eines Unternehmens nicht treffen würde.

Wie schätzen Sie persönlich den Stellenwert der Maschinenbaubranche ein?

Technik trägt einen wesentlichen Anteil zu unserer zivilisatorischen Entwicklung bei. Ein Leben ohne technische Produkte ist nicht mehr vorstellbar. Deshalb ist die Maschinenbaubranche eine zentrale Branche für unsere Entwicklung und Basis für unseren Wohlstand, vor allem als exportorientierte Volkswirtschaft. Gleichzeitig muss sich die Branche auch am Diskurs darüber beteiligen, welche Technologien und Techniken wir zukünftige nutzen wollen und wie Gesellschaft in einer technisierten Welt funktionieren soll.

Welche Fähigkeiten/Voraussetzungen sollte man für den Beruf mitbringen?

In jedem Fall ist ein technisches Grundverständnis notwendig, ohne das das Studium nicht erfolgreich abgeschlossen werden kann. Darüber hinaus gibt es eine große Bandbreite an Tätigkeitsfeldern, und ich habe viele verschiedene Menschentypen kennengelernt: von meist stark fachlich geprägten und eher extrovertierten Vertriebsmitarbeiter:innen bis hin zu stark fokussierten Spezialist:innen. In jedem Fall ist eine gute Kommunikationsfähigkeit, der Wille zur Teamarbeit und ja nach angestrebten Verantwortungsbereich Freude am Führen von Menschen hilfreich.

Welche Tipps können Sie Absolventen oder angehenden Studenten geben?

„Studere" heißt „sich bemühen". Studieren ergibt Sinn, wenn man gern lernt und Leidenschaft für ein Themengebiet entwickeln kann. Der Anspruch muss sein, gut werden zu wollen. Mittelmäßigkeit ist frustrierend. Suchen Sie sich ein Themenfeld und später einen Arbeitsplatz, in dem Sie Ihre Stärken zur Geltung bringen können. Seine Stärken zu stärken ist mit viel weniger Energie möglich, als vermeintliche Schwächen ändern zu wollen.

Zwei Zitate finde ich für mein Leben hilfreich:

> „Das Leben wird vorwärts gelebt und rückwärts verstanden." (Sören Kierkegaard)

Manchmal sehen wir erst in der Retrospektive klar. Das mag in manchem Moment über unverständliche Fügungen hinwegsehen lassen.

> „Der Mensch steht in einem doppelten Auftrag: die Welt zu verändern im Werk und zu reifen auf dem inneren Weg." (Kalfried Graf Dürckheim)

Wie sieht es mit den Karrieremöglichkeiten aus?
Das kommt darauf an, was unter Karriere verstanden werden soll. Wenn darunter die Möglichkeit verstanden wird, zunehmend mehr Verantwortung in einem Unternehmen übernehmen zu können, ist das generell in einem Unternehmen der eigenen Branche leichter möglich als in einer weiter entfernten Branche. Gleichzeitig gibt es auch sehr viele Chancen, als Spezialist:in zu arbeiten oder sich in vielen Bereichen selbstständig zu machen.

Das Besondere/Spannende an meinem Beruf ist ...
... die große Bandbreite und die Vielzahl an möglichen Themenfeldern, das lösungsorientierte Denken und die Möglichkeit, die Welt zu verändern. Und als letzte Anmerkung: In***genie***ur.

Mirjam Bäse - Senior Engineer für Tribologie & Öl bei Magna Powertrain

Senior Engineer für Tribologie & Öl bei Magna Powertrain in Lannach, Österreich, und Global Functional Product Engineering Lead für das Öl- und Tribologie-Team. Kfz-Mechaniker-Ausbildung, Maschinenbaustudium (B. Eng., M. Sc.) in Magdeburg, Promotion im Bereich Maschinenbau und Tribologie, postgraduales Studium in Analytik & Spektroskopie, anschl. stellvertretende Professorin, bevor sie bei Magna die Tribologie-Expertise des Unternehmens ausbaute. Seit 2012 Gesellschaft für Tribologie e. V., u. a. Aufbau des Netzwerkes „Junge Tribologen", heute Vorstandsmitglied und Leiterin der Öffentlichkeitsarbeit.

Wie sind Sie zu Ihrer Tätigkeit gekommen?

Das ist vielleicht die meistgestellte Frage in meinem Leben. Meine Karriere in der Automobilbranche begann ich vor etwa 20 Jahren mit einer Ausbildung zur Kfz-Mechanikerin. Der Grund dafür war, dass ich damals meinen VW LT 28 Camper selbst reparieren können wollte, und ich suchte bewusst einen Beruf abseits der typischen Frauenberufe. Doch die harte Arbeit in der kalten Werkstatt war körperlich sehr anstrengend für mich, und da ich in der Schule gute Leistungen hatte, entschied ich mich nach der Ausbildung für ein Maschinenbaustudium.

Kurz vor Studienbeginn sah ich den Film A Beautiful Mind über den Mathematiker John Nash, der den Wirtschaftsnobelpreis erhielt. Seine Lebensgeschichte inspirierte mich dazu, eine akademische Laufbahn einzuschlagen – und mir wurde klar, dass ich promovieren musste, um mein Ziel, Professorin zu werden, zu erreichen.

Schon im ersten Semester stieß ich „zufällig" auf das Fachgebiet Tribologie. Wir sollten technische Zeichnungen von Maschinenelementen anfertigen, die sich im Labor für Tribologie und Maschinenelemente befanden. Dort arbeitete ein Wissenschaftler, den ich fragte: „Hey, was machst du hier eigentlich?" Seine Antwort war: „Ich arbeite in der Tribologie." Da ich gerade nach einem Studentenjob suchte und er Unterstützung im Labor benötigte, bin ich in dieses Fach- und Wissenschaftsgebiet hineingerutscht und bis heute geblieben. Seit 20 Jahren beschäftige ich mich nun mit Tribologie, habe in dieser Zeit promoviert, habe zunächst als Tutorin, dann als Dozentin und schließlich als Vertretungsprofessorin gelehrt, bevor ich 2017 zu Magna wechselte. Kurz vor meinem Wechsel in die Wirtschaft begann ich zudem ein postgraduales Studium im Bereich Analytik und Spektroskopie, das ich 2018 abschloss.

Ich bin sehr dankbar für alle Entscheidungen auf diesem Weg. Die Fragen und Lösungsansätze in der Tribologie faszinieren mich bis heute, denn dieses Fachgebiet bietet eine umfangreiche Werkzeugkiste, um überall dort Probleme zu lösen, wo Reibung und Verschleiß eine Rolle spielen.

Was machen Sie genau?

Meine Hauptaufgabe als Senior Engineer und Global Lead ist es, produktbezogene Probleme zu lösen und Kompetenzen entsprechend den aktuellen Trends aufzubauen, damit wir die richtigen technischen Antworten für die zukünftige Produktentwicklung bereitstellen. Tribologische Kenntnisse sind dabei essenziell für die Antriebsstrangprodukte meines Unternehmens.

„Ohne Tribologie geht nichts." – Dieser Satz mag übertrieben klingen, trifft aber den Kern, denn Tribologie ist überall: Ohne Reibung würden wir beispielsweise einfach durch die Welt rutschen. In unseren Produkten ist sie aber entscheidend, etwa für die Übertragung des Kupplungsdrehmoments in Allradanwendungen oder für Effizienzsteigerungen von elektrischen Antrieben. Hieraus ergeben sich beispielsweise Herausforderungen bezüglich gewollter vs. ungewollte Reibung. Unsere Systeme müssen über ihre gesamte Lebensdauer hinweg zuverlässig funktionieren, gleichzeitig steigen die Anforderungen an Effizienz und CO_2-Reduktion. Dabei müssen niedrige Entwicklungs- und Stückkosten eingehalten werden, um wettbewerbsfähige Produkte anzubieten.

Am Beispiel der Ölentwicklung wird dieser Zielkonflikt sehr deutlich, denn niedrigviskose Öle steigern die Effizienz, aber resultieren des Öfteren in einem erhöhten Verschleiß von Zahnrädern und Lagern. Verschleißpartikel können wiederum Geräuschprobleme in der Kupplung verursachen. Man kann auf die Reduktion von Verschleiß natürlich mit dem Einsatz von besseren Grundölen oder hochadditivierten Öle reagieren, aber eine solche Änderung beeinträchtigt beispielsweise wiederum die Verträglichkeit des Öls mit anderen Materialien, die im Produkt eingesetzt werden – und noch dazu sind bessere Grundöle teurer.

TribologInnen können natürlich nicht in jedem Bereich Experten sein. Um derartige Fragestellungen zu lösen, ist es wichtig, von der nanoskopischen Ebene des reibungsbelasteten Kontakts einer Komponente bis zur vollständigen Systemebene zu denken und alle verfügbaren Informationen aus den verschiedenen Fachbereichen zu sammeln und in einer vernünftigen Art und Weise zusammenzubringen. Dazu interagiere ich im Arbeitsalltag mit Teamkollegen vor Ort, Lieferanten und Kunden sowie mit internen Teams weltweit. Das macht die Arbeit als Tribologin sehr spannend. Ich bin dankbar für unsere fantastische Zusammenarbeit mit allen Magnainternen und -externen Kolleginnen und Kollegen weltweit.

Was gefällt Ihnen an Ihrer aktuellen Aufgabe besonders?
Ich werde oft gefragt, ob ich mir vorstellen könnte, meine Arbeit im Fach- und Wissenschaftsgebiet der Tribologie aufzugeben. Natürlich denke ich hin und wieder darüber nach, aber die Antwort bleibt immer dieselbe: Nein! Ich denke, sobald man einmal in dieses Fachgebiet „hineingerutscht“ ist, ist es schwer, wieder herauszukommen – vielleicht wegen der geringen Reibung. Aber Spaß beiseite: Ein wesentlicher Grund, warum ich in der Tribologie geblieben bin, ist, dass ich ständig nach neuen Herausforderungen suche. Ich brauche einerseits die Möglichkeit zur persönlichen Weiterentwicklung und andererseits das Gefühl, etwas Neues und Außergewöhnliches zu tun. Genau das bietet mir die Tribologie.

Die Herausforderungen in diesem Bereich muss ich nicht näher erläutern – sie sind vielfältig. Gleichzeitig gibt es unendlich viel zu entdecken, sei es in der fachlichen Weiterentwicklung, im Networking, in der Kommunikation, im Management oder darin, Menschen miteinander zu vernetzen, um gemeinsam Probleme zu lösen. Schon immer haben mich die Geschichten von Wissenschaftlerinnen und Wissenschaftlern fasziniert, die Entdeckungen gemacht haben, die unsere Gesellschaft nachhaltig positiv beeinflusst haben. Früher war das häufiger der Fall, da es in den Naturwissenschaften noch viele grundlegende Erkenntnisse zu gewinnen gab. Heute ist es viel schwieriger, etwas wirklich Bahnbrechendes zu entdecken. Doch die Tribologie bietet genau diese Möglichkeit: etwas Besonderes, Ungewöhnliches zu erforschen und damit einen wertvollen Beitrag zur Gesellschaft zu leisten.

Wie schätzen Sie persönlich den Stellenwert der Maschinenbaubranche ein?

Die Arbeit in der Maschinenbaubranche und daraus hervorgehende Innovationen waren in der Vergangenheit und sind auch in Zukunft ein äußerst wichtiger Bestandteil für die Wirtschaftskraft Deutschlands und Europas. Dabei ist das Wirtschaftswachstum immer auch damit verbunden, dass unsere Gesellschaft weiterhin Stabilität behält. Diese Stabilität ist durch neue globale Herausforderungen, insbesondere den Klimawandel und den effizienten Umgang mit Ressourcen, zunehmend unter Druck geraten. Hier kann der Maschinenbau einen wichtigen Beitrag leisten, was ich gerne auch am Beispiel meines Fach- und Wissenschaftsgebietes Tribologie kurz erklären möchte:

Die Tribologie beschäftigt sich mit der Reduktion von Reibung und Verschleiß – zwei Faktoren, die direkt mit CO_2-Reduktion und Nachhaltigkeitssteigerung verknüpft sind. Themen, mit denen man sich beispielsweise in der Tribologie beschäftigt, reichen – bezogen auf den Maschinenbau – beispielsweise von der Entwicklung nachhaltiger und effizienter Schmierstoffe über die Lebensdauerprognose technischer Systeme bis hin zur Optimierung von Materialien und Herstellungsverfahren unter Berücksichtigung wirtschaftlicher Aspekte und vielem mehr.

All diese Fragestellungen sind hochkomplex. Um sie zu lösen, müssen zahlreiche Randbedingungen berücksichtigt werden, darunter zum Beispiel auch zukunftsweisende politische Entscheidungen und gemeinsame gesellschaftliche Werte. Gleichzeitig braucht es aber natürlich motivierte Nachwuchskräfte mit fachlichen Kenntnissen, beispielsweise in den Naturwissenschaften, in der Programmierung, Datenanalyse oder Datenmodellierung. Ebenso wichtig sind deren Fähigkeiten im Transfer wissenschaftlicher Erkenntnisse in die Praxis sowie Fähigkeiten in der Kommunikation und zwischenmenschliche Vernetzung. Denn nur interdisziplinäre Zusammenarbeit ermöglicht es, zukünftige Herausforderungen zu bewältigen.

Der Maschinenbau bleibt somit ein zukunftssicheres Berufsfeld. Schon allein die Tribologie als Teilbereich des Maschinenbaus zeigt, wie vielseitig und zukunftsweisend diese Disziplin ist – und wie groß ihr Potenzial zur Lösung aktueller globaler Herausforderungen.

Welche Fähigkeiten/Voraussetzungen sollte man für den Beruf mitbringen?

Die Standardantwort auf diese Frage im Maschinenbau lautet vermutlich: „Gute Fähigkeiten in Mathematik, Physik" und so weiter. Ich möchte sie jedoch etwas anders beantworten.

In meinen Entscheidungen spielen stets zwei Aspekte eine zentrale Rolle: Zum einen war es für mich immer wichtig, dass eine Argumentationskette logisch und schlüssig ist, die zu einer Entscheidung führt. Wie diese entsteht, kann sehr unterschiedlich sein – manchmal erfordert sie eigene Reflexionsfähigkeiten, manchmal eine fundierte Informationsbasis, insbesondere wenn man sich in einem Bereich nicht gut auskennt. Doch neben rationalen Überlegungen spielt für mich andererseits auch das Bauchgefühl eine Rolle. Das „fuzzy" Wissen, also meine Intuition und die subjektive Wahrnehmung, muss ebenfalls stimmen. Objektivität und Subjektivität müssen für mich also immer in Einklang sein, wenn ich eine (wichtige) Entscheidung treffe.

Wie lässt sich das nun auf die erforderlichen Fähigkeiten für diesen Beruf übertragen? Ich erinnere mich gut daran, dass ich als Kind regelmäßig Nachhilfe bei meinem Großvater nahm, der Bauingenieur war, weil ich Schwierigkeiten mit der Mathematik hatte. Bruchrechnen, Funktionen und all diese Dinge fielen mir schwer – ich verstand sie einfach nicht.

Doch wenn ich mir anschaue, welche Entscheidungen mich zu meinem heutigen Beruf geführt haben (siehe Frage 1), dann waren es nicht primär bestimmte Fähigkeiten, die ich bereits hatte oder die andere meinten, die ich haben solle, sondern die Ziele, die ich erreichen wollte. Übrigens bin ich mittlerweile sehr gut in Mathematik – auch wenn mein Kopfrechnen manchmal nicht mehr so schnell ist wie früher.

Welche Tipps können Sie Absolventen oder angehenden Studenten geben?

Aufbauend auf meine Antworten in den vorherigen Fragen kann ich da nur sagen:

Bleib authentisch – du bist einzigartig, und deine Stärken werden gebraucht. Vertraue dir selbst und halte an deinen Werten fest. Setze dir immer wieder neue persönliche Ziele und verfolge konsequent deinen Weg, um sie zu erreichen.

Sei reflektiert und bleibe offen dafür, deine Ziele oder deinen Weg anzupassen. Suche aktiv nach Feedback und scheue dich nicht, um Rat zu fragen, wenn du Orientierung brauchst. Kommuniziere deine Ziele und baue kontinuierlich dein Netzwerk aus.

Höre auf dein Gefühl und entwickle deinen eigenen Stil, um all das erfolgreich umzusetzen – in allem, was du tust.

Wie sieht es mit den Karrieremöglichkeiten aus?
Karriere kann man aus meiner Sicht mit jedem Studium machen. In Unternehmen der Fahrzeugindustrie gibt es beispielsweise viele High Level Manager, die Maschinenbau studiert haben, aber natürlich gibt es auch solche, die aus dem Bereich BWL, Wirtschaftsingenieurwesen, Mechatronik oder Mathematik kommen. Wichtig ist, dass man sich selbst konkrete Ziele setzt, die man erreichen möchte, und auch ein wenig versteht, warum man dieses Ziel eigentlich erreichen möchte. Wenn man sich beispielsweise zum Ziel setzt, irgendwann im höheren Management arbeiten zu wollen, dann braucht man natürlich zusätzlich zum eigenen technischen Fachwissen auch Führungs- und Managementkompetenzen sowie ein umfangreich gutes Netzwerk. Um dieses Bundle an Voraussetzungen zu schaffen, ist es aus meiner Sicht notwendig, ein wenig mehr zu tun, als nur zu studieren. Es ist dann aber auch wichtig zu berücksichtigen, dass man sich mehr und mehr von den eigentlichen technischen Fragestellungen entfernt, wenn man in die höheren Leitungsebenen aufsteigt.

Vishal Saini – Masterstudent Mechatronik und Robotik

25 Jahre alt, 2017–2021 Bachelorstudium Maschinenwesen an der Technischen Universität München, seit April 2021 Masterstudium Mechatronik und Robotik an der Technischen Universität München, voraussichtlich bis Dezember 2023. Seit Mai 2023 Werkstudent und Masterand bei einer Firma für mechatronische Anwendungen.

Wie sind Sie zu Ihrer Tätigkeit gekommen?

Zu meiner Tätigkeit als Werkstudent bin ich über meinen Betreuer gekommen, der mich während meiner vorherigen Arbeit als studentische Hilfskraft begleitet hat. Nachdem ich bei ihm meine Semesterarbeit abgegeben hatte, haben wir nach einem Thema für meine Masterarbeit im Bereich Softwareentwicklung gesucht. Da der Lehrstuhl mit der Firma in mehreren Forschungsprojekten kooperiert und mein Betreuer bereits selber dort als Werkstudent tätig war, hat er den Kontakt hergestellt.

Was machen Sie genau?

Aktuell unterstütze ich die Firma in einem Forschungsprojekt bei der Planung einer Anlage für die Demontage von Messeinrichtungen. Ich habe mich in das Programm iPhysics eingearbeitet, das zur Erstellung von Digital Twins verwendet wird. Mit diesem Tool kann man eine Anlage virtuell erstellen, was Kosten spart, um das Modell so weit zu entwickeln, dass es danach in die Wirklichkeit übersetzt werden kann. Weiterhin habe ich mich mit der SPS-Programmierung (größtenteils in Structured Text) beschäftigt. Dafür nutze ich die Entwicklungsumgebung Beckhoff TwinCAT 3. Ziel ist es, das Programm in der SPS mit der simulierten Anlage zu verknüpfen, um Achsen in der Anlage anzusteuern. Danach kann das leicht abgeänderte Programm auch mit der realen Anlage verknüpft werden.

Wie sieht ein typischer Arbeitstag bei Ihnen aus?

50 Prozent meiner Arbeitszeit arbeite ich remote, vor allem für das Erstellen von Simulationen. Wenn ich an der realen Anlage arbeite, fahre ich in das Büro. Alle zwei Wochen findet ein Meeting statt, bei dem

der Verlauf des Forschungsprojekts geplant wird. Außerdem stimme ich mich jede Woche mit meinem Betreuer über den aktuellen Stand meiner Arbeit ab. Dies hilft mir dabei, am Ball zu bleiben und bei Schwierigkeiten Hilfestellung zu erhalten. Jede Woche werden kleinere Ziele festgelegt, die bis zum nächsten Termin erledigt werden sollen.

Was gefällt Ihnen an Ihrer aktuellen Aufgabe besonders?
Da der erste grobe Entwurf für die Anlage fertig ist, freue ich mich sehr darauf, ein Simulationsmodell zu der Anlage zu erstellen. Daran gefällt mir das Entwerfen einzelner Komponenten in iPhysics. Außerdem ist es spannend, sich eine Lösung zur Realisierung des Grobentwurfs zu überlegen. Generell ist es nach der Zeit an der Universität für mich eine tolle Erfahrung, zu sehen, wie die erlernten Konzepte in der Wirklichkeit ablaufen. Es macht mir auch Spaß, mit meinen Kolleg:innen und den Kunden kooperativ zusammenzuarbeiten.

Wie schätzen Sie persönlich den Stellenwert der Maschinenbaubranche ein?
Die Maschinenbaubranche ist in den letzten Jahrzehnten immer mehr mit den Fachgebieten IT und Elektrotechnik verschmolzen. Software ist aus der Branche nicht mehr wegzudenken. Maschinenbau begegnet einem überall, ob in öffentlichen Verkehrsmitteln, in Produktionsanlagen oder in der Logistik. Im Maschinenbau beschäftigt man sich viel mit dem zukunftsweisenden Thema der Automatisierung, beispielsweise in der Robotik. Somit ist die Maschinenbaubranche meiner Ansicht nach auch für die Zukunft höchst relevant.

Welche Fähigkeiten/Voraussetzungen sollte man für den Beruf mitbringen?
Man sollte in der Lage sein, analytisch zu denken und Probleme systematisch anzugehen. Auch Durchhaltevermögen ist wichtig, da viele Aufgaben auf den ersten Blick nicht einfach zu lösen sind und das Studium sehr anspruchsvoll ist.

Welche Tipps können Sie Absolventen oder angehenden Studenten geben?
Mein Tipp ist es, sich von dem Studium und der nachfolgenden Tätigkeit nicht einschüchtern zu lassen und sich selbst Zeit zu geben. Talent oder Vorwissen ist zwar hilfreich, aber wenn man sich für den Maschinenbau interessiert, kann man mit Durchhaltevermögen das Studium gut absol-

vieren. Es ist auch wichtig, seine Hobbys nicht zu vernachlässigen, um einen Ausgleich zu finden und den Kopf abzuschalten. Sich mit Mitstudierenden oder Kolleg/-innen zusammenzusetzen, wenn man Fragen hat oder nicht weiterkommt, kann sehr sinnvoll sein und hilft beim Verständnis für schwierige Themen.

Wie sieht es mit den Karrieremöglichkeiten aus?
Da ich selbst noch im Studium bin, kann ich nicht aus erster Hand berichten, wie der Arbeitsmarkt aktuell aussieht. Allerdings weiß ich, dass die Themen Software Engineering und Systems Engineering sehr gefragt sind.

Das Besondere/Spannende an meinem Beruf ist ...
In meinem zukünftigen Beruf als Maschinenbauingenieur werde ich an technischem Fortschritt beteiligt sein. Ich freue mich besonders auf meinen fortlaufenden Lernprozess in dieser innovativen Branche.

Lydia Greb - Innovationsmanagerin bei Siemens Energy im Innovation Center Berlin

Jahrgang 1992, Bachelor Maschinenbau an der Berliner Hochschule für Technik (2018-2021), Master in Produktionstechnik an der TU Berlin (2021-2024), heute Innovationsmanagerin bei Siemens Energy im Innovation Center Berlin

Wie sind Sie zu Ihrer Tätigkeit gekommen?

Ich habe 2018, zu Beginn meines zweiten Bachelorstudiums, als Werkstudentin bei der Siemens AG angefangen zu arbeiten. Ich habe dort in der Endmontage im Gasturbinenwerk ein Projekt unterstützen dürfen, bei dem die Montageschritte digitalisiert wurden. Mithilfe von Augmented Reality und Videos konnten die Standardisierung, Optimierung und Wissenskonservierung vieler Montageschritte gesichert werden. Dies war der Moment, an dem mir bewusst wurde, dass ich ein großes Interesse daran habe, unmittelbar am Fortschritt der Technik beteiligt zu sein. Die Innovationsabteilung bei Siemens Energy schien für mich perfekt. Sie ermöglicht den Einblick in neue Technologien, kreative Herangehensweisen und die transformative Zusammenarbeit mit Industriepartnern. Somit habe ich mich während meines Masterstudiums initiativ auf eine Werkstudentenstelle in der Abteilung des Innovation Center Berlins beworben. Die Arbeit hat mich sehr fasziniert und das Interesse bestand auf beiden Seiten, dass ich nach meinem Masterabschluss ein fester Bestandteil des Teams werde.

Was machen Sie genau?

Ich bin als Innovationsmanagerin für die geschäftliche und technische Evaluation von Innovationsprojekten zuständig. Des Weiteren betreue ich drei Innovationsprojekte als Projektmanagerin aus dem Bereich der erneuerbaren Energien.

Wie sieht ein typischer Arbeitstag bei Ihnen aus?

Ich belese mich zu den neusten Informationen über Technologien und Märkte, in denen wir mit unseren Projekten involviert sind. Ich erstelle

Analysen, um die Informationen aus unterschiedlichen Quellen zu evaluieren und verständlich zu visualisieren.

Mithilfe von Projektplänen wird der kontinuierliche Fortschritt der jeweiligen Projekte dargestellt und gewährleistet. Die Koordination der Aufgaben, das Stakeholdermanagement und das Ressourcenmanagement gehören zu meinem täglichen Job als Projektmanagerin.

Ich unterstütze bei der Planung und Durchführung von Workshops mit Kunden, aus denen beide Parteien einen großen Mehrwert ziehen und häufig enge Partnerschaften entstehen.

Was gefällt Ihnen an Ihrer aktuellen Aufgabe besonders?
Mir gefällt, dass meine Aufgaben sehr vielfältig sind. Teilweise arbeite ich an holistischen Lösungsmöglichkeiten für den Energiesektor, dann wieder an einer ganz speziellen Technologie. Zudem habe ich das große Glück, Teil eines sympathischen Teams sein zu dürfen, in dem Menschen mit ganz unterschiedlichen Expertisen vertreten sind. Es vergeht kein Tag, an dem ich nicht etwas Neues von ihnen lerne.

Wie schätzen Sie persönlich den Stellenwert der Maschinenbaubranche ein?
Ich sehe die Maschinenbaubranche als sehr relevant an. Für mich stellt sie ein essenzieller Bestandteil des gesellschaftlichen Fundamentes dar. Mein Maschinenbaustudium hat mir das Grundverständnis von Wissenschaft + Technik vermittelt. Je weiter wir zeitlich voranschreiten, desto entscheidender sind diese Bereiche für die menschliche Zukunft. Egal ob im Sektor der Medizin, der Energieerzeugung oder allgemein der Produktion.

Welche Fähigkeiten/Voraussetzungen sollte man für den Beruf mitbringen?

- Schnelle Auffassungsgabe
- Breit aufgestelltes Interesse
- Gute Kommunikationsfähigkeiten
- Strukturierte Denkweise
- Kreative Offenheit

Welche Tipps können Sie Absolventen oder angehenden Studenten geben?
Nutzt die Chance, die euch durch Werkstudierendentätigkeiten geboten werden. Probiert euch selbst in unterschiedlichen Bereichen und Berufs-

rollen aus. Ein gutes Netzwerk ist sehr entscheidend. Nutzt eure Möglichkeiten, auch abteilungs-, branchen- und firmenübergreifend Kontakte zu knüpfen.

Wie sieht es mit den Karrieremöglichkeiten aus?
Die Karrieremöglichkeiten in der Innovationsabteilung sind sehr gut, da man zu den Geschäftsbereichen, dem Management als auch den corporate functions Kontakt hat. Man kann hier in einer Abteilung sehr unterschiedliche Rollen ausprobieren, dies bedeutet im Geschäftsbereich meist einen kompletten Abteilungswechsel.

Joachim Barth - Projektingenieur in einer Chemiefabrik

Dipl.-Ing. (FH) Maschinenbau, Studium an der Fachhochschule für Technik Esslingen, wohnhaft Nähe Tübingen; Projektingenieur in der Technischen Planung einer mittelständischen Chemiefabrik

Wie sind Sie zu Ihrer Tätigkeit gekommen?

Nach dem Studium habe ich zunächst ganz klassisch in der Einrichtungskonstruktion einer Werkzeugmaschinenfabrik angefangen. Ich wollte aber dann in den Umweltbereich wechseln und ging nach vier Jahren zu einer kleineren Firma, die Industrie-Abwasseranlagen hergestellt hat. Da diese Firma nach ein paar Jahren in wirtschaftliche Schwierigkeiten geriet, habe ich mich nochmals beworben und arbeite seit 2000 bei einem mittelständischen Familienbetrieb an einem Produktionsstandort mit ca. 240 Mitarbeitern; insgesamt hat der Betrieb ca. 700 Mitarbeiter.

Was machen Sie genau?

Wir sind ein kleines Team von gerade einmal neun Ingenieuren (Elektro, IT, Maschinenbau, Verfahrenstechnik, Chemie), die alle Anlagen planen, auslegen, bestellen, installieren, in Betrieb nehmen und auch danach betreuen. Es geht dabei um die Berechnung von kleinen Pumpstationen, über die Montage eines Reaktionskessels bis hin zu einem 12-Millionen-Euro-Projekt, dem Bau einer neuen Produktionshalle. Zu meinen Aufgaben gehören hauptsächlich die Organisation, das Einteilen von Handwerkern und das Abstimmen mit der Produktion. Man muss Angebote von Lieferanten technisch vergleichbar machen, für die Geschäftsleitung ein Budget aufstellen und Fertigstellungstermine verantworten.

Was gefällt Ihnen an Ihrer aktuellen Aufgabe besonders?

Im Gegensatz zu meinen Aufgaben in den früheren Firmen, wo ich der Spezialist für eine Anlage war, deckt meine jetzige Tätigkeit ein viel breiteres Spektrum ab – von der Chemie- und Verfahrenstechnik über den

Anlagenbau bis zum Bauingenieur. Der Nachteil dabei ist, dass man zum Generalisten wird und man verstärkt auf die Unterstützung von Fachfirmen angewiesen ist.

In großen Firmen sind die Aufgaben meist klar festgelegt und erstrecken sich nur auf einen begrenzten Bereich; es gibt mehr Hierarchien und die Abläufe sind formaler. Allerdings ist die Arbeitszeit geregelter und das Gehalt ist normalerweise höher als in kleineren Firmen. In mittelständischen Firmen hingegen sind die Hierarchien meist flacher, der Umgang miteinander direkter und weniger formell und man hat ein breiteres Aufgabengebiet, bei oft auch längeren Arbeitszeiten.

In großen Firmen gibt es von der Personalabteilung meist Förderprogramme, die es einem ermöglichen, neue Aufgaben innerhalb des Konzerns zu übernehmen und die einen beim nächsten Karriereschritt begleiten, in kleineren Firmen ist eine „Karriereplanung" oft nicht sehr ausgeprägt. Dort heißt es dann: „Könntest du dir das mal anschauen?", und so wird man dann Mitglied im großen Krisenstab, wird Energiemanagement-Beauftragter oder ist auf einmal der Ansprechpartner für abwassergefährdende Stoffe.

Es gibt hier auch kein Schwarz und Weiß – jede Firmengröße hat ihre Vor- und Nachteile. Da jeder Betrieb noch eine ganz eigene Firmenkultur hat, kann man es auch nicht verallgemeinern. Man muss selbst herausfinden, ob man vom Typ her eher Spezialist oder eher Generalist ist.

Welche Tipps können Sie Absolventen oder angehenden Studenten geben?

Das Maschinenbaustudium ist eher breit angelegt, was einem später die Möglichkeit eröffnet, in vielen Bereichen – von der Konstruktion bis zum Vertrieb – und auch in verschiedenen Wirtschaftszweigen zu arbeiten, wie in meinem Fall in der Chemieindustrie. Man sollte sich im Klaren sein, dass das, was man im Studium lernt, nur einen eher kleineren Teil seiner späteren Tätigkeit abdeckt.

Ich finde es auch wichtig, dass man neben dem Studium eine weitere Aufgabe ehrenamtlich übernimmt. Es ist dabei nicht entscheidend, ob man Trainer in einem Sportverein, Sprecher einer Bürgerinitiative oder Vorstand in einem Jugendhaus wird. In der Schul- und Studienzeit bewegt man sich oft in einer Blase aus Gleichaltrigen und Gleichgesinnten. Der Praxisschock bei der ersten Arbeitsstelle betrifft ja nicht nur die neue Aufgabe, sondern auch, dass man bei Vorgesetzten und Kollegen auf eine viele heterogenere Gruppe trifft, was Alter, Background und Familiensituation betrifft. Da ist es hilfreich, wenn man zuvor schon mit der Arbeit in Gremien vertraut ist.

Man sollte auch versuchen, während des Studiums ins Ausland zu kommen, zum Beispiel im Rahmen eines Praktikums oder als Ferienjob. Es ist eine wichtige Erfahrung, wenn man als angehender Ingenieur auch mal die „deutsche Brille" abgenommen hat und ein Verständnis dafür bekommt, wie in anderen Kulturen und Nationen gearbeitet wird.

Das Besondere/Spannende an meinem Beruf ist ...
Die Welt der Technik hat sich, seit ich angefangen habe zu arbeiten, stark verändert und wird sich in den nächsten Jahren weiterentwickeln. Als Ingenieur muss man bereit sein, sein Leben lang Neues dazuzulernen, dafür bieten sich einem dann oft auch ganz neue Möglichkeiten.

Viktoria Khlopetska - Vertriebsingenieurin bei Steremat Induktion in Schöneiche bei Berlin

Jahrgang 1996, Absolventin der Berliner Hochschule für Technik, Maschinenbauingenieurin mit Schwerpunkt Produktionstechnik, zudem Bachelorabschluss in Internationalen Wirtschaftsbeziehungen an der Nationalen Taras-Schewtschenko-Universität Kiew, heute tätig als Vertriebsingenieurin bei Steremat Induktion in Schöneiche bei Berlin

Wie sind Sie zu Ihrer Tätigkeit gekommen?

Mein beruflicher Weg begann mit einem Bachelor in Internationalen Wirtschaftsbeziehungen, doch mein Interesse an Technik entwickelte sich erst später. Inspiriert durch ein Freiwilligenjahr in Estland und viele Zugreisen, wuchs meine Begeisterung für technische Systeme – ein Impuls, der mich zum Maschinenbaustudium führte. Besonders faszinierten mich innovative Fertigungsmethoden wie 3D-Druck und Lasertechnologien.

Während meines Studiums sammelte ich Praxiserfahrung in Start-ups sowie bei Siemens Mobility und Siemens Energy. Ich erkannte, dass meine Stärke darin liegt, technische Lösungen mit wirtschaftlichen Anforderungen zu verbinden. Diese Fähigkeit hat mich in den Sondermaschinenbau und in meine heutige Rolle geführt. Hier kann ich mein technisches Wissen nutzen, um mit unserem Team maßgeschneiderte Lösungen zu entwickeln und gleichzeitig eng mit Kunden zusammenzuarbeiten, um sicherzustellen, dass diese Lösungen optimal auf ihre Bedürfnisse abgestimmt sind. Diese Verbindung zwischen beiden Welten macht meine Arbeit besonders spannend und erfüllend.

Was machen Sie genau?

Meine Hauptaufgabe ist die technische Beratung unserer Kunden und die Erarbeitung passgenauer Lösungen für ihre spezifischen Anforderungen. Da wir bei Steremat Induktion Sondermaschinen für industrielle Erwärmungsprozesse bauen, gibt es keine Standardprodukte – jede Lösung muss individuell abgestimmt werden.

Ich arbeite eng mit unseren Technikern zusammen, um verschiedene Induktoren zu testen und Konzepte zu verfeinern, damit wir die beste Lösung für den Kunden finden. Als Schnittstelle zwischen Kunde und Technik analysiere ich die Anforderungen, stelle Konzepte vor und optimiere diese nach Kundenfeedback, um die Umsetzung voranzutreiben.

Wie sieht ein typischer Arbeitstag bei Ihnen aus?
Mein Arbeitsalltag ist sehr vielseitig und variiert je nach Projekten. An einigen Tagen arbeite ich im Büro, erstelle Dokumentationen, bereite Angebote vor oder entwickle technische Konzepte. An anderen Tagen führe ich Kundengespräche und präsentiere unsere technischen Möglichkeiten.

Ein spannender Teil meiner Arbeit sind die Versuchstage. Gemeinsam mit dem Technikum teste ich verschiedene Induktoren und Methoden, um die bestmögliche Lösung zu finden und Prozesse zu optimieren.

Gelegentlich bin ich auf Dienstreisen – sei es für Kundenbesuche oder für Messen und Konferenzen, bei denen ich neue Entwicklungen entdecke und mich mit Fachleuten austausche. Diese Abwechslung macht meinen Arbeitsalltag spannend und herausfordernd.

Was gefällt Ihnen an Ihrer aktuellen Aufgabe besonders?
Ich schätze die enge Verzahnung von Technik und Problemlösung in meiner Arbeit sehr. Besonders reizvoll finde ich, dass ich nicht nur theoretische Konzepte ausarbeite, sondern aktiv an der Umsetzung beteiligt bin. Die enge Zusammenarbeit mit dem Team und den Kunden ermöglicht es mir, ständig neue technische Herausforderungen zu meistern. Durch den Austausch mit erfahrenen Kollegen und die Vielseitigkeit der Projekte bleibt meine Arbeit stets spannend und abwechslungsreich. Der iterative Prozess aus Analyse, Tests und kontinuierlichem Feedback trägt zu meiner persönlichen und beruflichen Weiterentwicklung bei.

Wie schätzen Sie persönlich den Stellenwert der Maschinenbaubranche ein?
Der Maschinenbau ist eine unglaublich vielseitige Branche. Zwei Maschinenbauer können denselben Hintergrund haben und trotzdem in völlig unterschiedlichen Bereichen arbeiten – von Fahrzeugtechnik über Medizintechnik bis hin zu Produktionsanlagen. Das macht den Austausch oft spannend, weil jeder einen ganz anderen Blickwinkel hat.

Was den Stellenwert angeht: Maschinenbau steckt überall drin. Vom 3D-gedruckten Lampenschirm, der individuelles Design und Funktionalität vereint, bis hin zur Bahn, mit der man fährt – fast alles wurde von Maschinenbauern entwickelt oder zumindest mitgestaltet. Diese Vielseitigkeit und die Möglichkeit, Wissen in unterschiedlichen Bereichen anzuwenden, machen den Maschinenbau so bedeutend und zugleich spannend.

Welche Fähigkeiten/Voraussetzungen sollte man für den Beruf mitbringen?

Die wichtigste Voraussetzung für den Maschinenbau ist Neugier. Da sich der Bereich ständig weiterentwickelt, ermöglichen neue Technologien und Methoden kontinuierliches Lernen. Ein Interesse daran, wie Dinge funktionieren, sowie Offenheit für neue Ansätze sind entscheidend. Zusätzlich sind logisches Denken, eine strukturierte Arbeitsweise und Kommunikationsfähigkeit unerlässlich, da man oft im Team arbeitet und komplexe Themen verständlich erklären muss. Wer stets bereit ist, dazuzulernen, hat die besten Voraussetzungen für langfristigen Erfolg in der Branche.

Welche Tipps können Sie Absolventen oder angehenden Studenten geben?

Sammelt so früh wie möglich praktische Erfahrung! Praktika, Auslandserfahrungen oder Werkstudententätigkeiten helfen, den eigenen Fokus zu finden und wertvolle Einblicke zu gewinnen. Es lohnt sich auch, über den regulären Stundenplan hinauszublicken und sich mit anderen Disziplinen oder spezialisierten Themen zu beschäftigen. So findet man heraus, welche Themen einem besonders liegen und in welche Richtung man sich entwickeln möchte.

Wie sieht es mit den Karrieremöglichkeiten aus?

Im technischen Bereich gibt es verschiedene Entwicklungsmöglichkeiten, sowohl vertikal als auch horizontal. Wer sich auf Projektleitung fokussiert, kann mehr Verantwortung übernehmen und in Management-Positionen aufsteigen. Alternativ kann man sich horizontal weiterentwickeln, indem man neue Technologien erlernt, andere Fertigungsmethoden vertieft oder in eine andere Branche wechselt. Die Vielfalt an Möglichkeiten macht den Maschinenbau besonders attraktiv, da man flexibel neue Wege erkunden kann.

Das Besondere/Spannende an meinem Beruf ist ...

... die enge Zusammenarbeit mit Kunden und Technikern, um innovative Lösungen zu gestalten. Besonders spannend finde ich den Prozess von der ersten Idee bis zur fertigen Maschine – mit all den Herausforderungen und Optimierungsschritten, die dazugehören. Kein Tag ist wie der andere, und jedes Projekt bringt neue technische und strategische Aufgaben mit sich.

Christian Fütterer – Geschäftsführender Gesellschafter Fütterer Werkzeugbau GmbH

Jahrgang 1970, Abitur Technisches Gymnasium 1990, Ausbildung zum Werkzeugmacher im elterlichen Betrieb, 1993–97 Studium Maschinenbau, Fachrichtung Konstruktion an der FH Karlsruhe, anschließend Tätigkeit als Ingenieur bei Siemens, Einstieg in den elterlichen Betrieb im Frühjahr 2000

Wie sind Sie zu Ihrer Tätigkeit gekommen?
Ich habe ab 16 Jahren Ferienjobs in diesem Bereich in Fremdfirmen sowie im elterlichen Betrieb absolviert. Zudem war ich früh geprägt durch den Beruf meines Vaters, der ebenfalls Werkzeugmacher war.

Was machen Sie genau?
Geschäftsführender Gesellschafter Fütterer Werkzeugbau GmbH, Technische Geschäftsführung

Wie sieht ein typischer Arbeitstag bei Ihnen aus?

- Start 7 Uhr: Bearbeitung Mails und Grobplanung des Tages
- 8 Uhr: kurze Absprache mit meiner Schwester (ebenfalls Geschäftsführerin im Betrieb); danach kurze Durchsprache mit dem Führungspersonal
- täglich 9:20 Uhr: Shopfloor mit allen Mitarbeitern; danach hauptsächlich Angebotserstellung bzw. Anfragebearbeitung
- ca. 2-mal pro Woche nachmittags Kundenbesuche
- der Freitagmorgen ist reserviert für Akquise und Strategie

Was gefällt Ihnen an Ihrer aktuellen Aufgabe besonders?
Sie ist technisch sehr anspruchsvoll, denn unsere Kunden brauchen Problemlöser.

Wie schätzen Sie persönlich den Stellenwert der Maschinenbaubranche ein?
Meiner Ansicht nach ist der Maschinenbau für den Standort Deutschland eine Schlüsselindustrie. Dies wird aber in der Bevölkerung nicht so

gesehen, und es findet aktuell ein Ausverkauf der Branche statt (Verkauf der Firmen in den Osten).

Welche Fähigkeiten/Voraussetzungen sollte man für den Beruf mitbringen?
Mathematisches, physikalisches und technisches Grundverständnis.

Welche Tipps können Sie Absolventen oder angehenden Studenten geben?
Praktika gezielt wählen, um sich für die richtige Branche bzw. die richtige Firma zu entscheiden. Kleine und mittlere Unternehmen bieten die besten und sichersten Arbeitsplätze.

Wie sieht es mit den Karrieremöglichkeiten aus?
Meiner Ansicht nach sehr gut. Ein Großteil der CEO größerer Unternehmen kommen eher aus dem technischen als aus dem betriebswirtschaftlichen Bereich.

Das Besondere/Spannende an meinem Beruf ist ...
... die unglaubliche Vielfalt und die Tatsache, dass jeder Tag etwas Unerwartetes mit sich bringt.

Janine Stachowski – Industrialisierungsingenieurin für E-Achsantriebe in der Automobilbranche

Jahrgang 1996, 2013-2017 Bachelorstudium Maschinenbau als duales Studium Beuth Hochschule Berlin in Kooperation mit der Siemens AG; 2017-2020 Studium Master of Engineering in Maschinenbau-Produktionssysteme Beuth Hochschule für Technik (jetzt: Berliner Hochschule für Technik); derzeit in Berlin als Industrialisierungsingenieurin für E-Achsantriebe in der Automobilbranche

Wie sind Sie zu Ihrer Tätigkeit gekommen?
Bereits während meines Studiums habe ich für ein Praktikum und meine anschließende Masterarbeit bei meinem jetzigen Arbeitgeber gearbeitet. Danach hatte ich die Firma für ein Traineeprogramm gewechselt, um Erfahrung in verschiedenen Bereichen und Positionen zu sammeln. Während meiner Traineezeit wurde dann eine Stelle in der ehemaligen Firma ausgeschrieben und ich habe mich darauf beworben. Meine Auslandssemester und das vorherige Praktikum sowie die Masterarbeit waren sicherlich hilfreich, um den Job zu bekommen.

Was machen Sie genau?
Ich plane und betreue Produktionslinien für E-Achsantriebe für Autos bis zur Serienfertigung. Dabei arbeite ich in einer Schnittstellen-Funktion zwischen Projektmanagement, Entwicklung (mechanisch, elektrisch, Software), Qualität, Prozessentwicklung, Supply Chain Management, Produktionswerk und Lieferanten.

Nachdem die Entwicklung erste CAD-Modelle und Zeichnungen des Produkts zur Verfügung gestellt hat, suche ich geeignete Fertigungsreihenfolgen und -verfahren aus und stimme diese mit der Entwicklung ab. Auf dieser Basis entwickle ich ein Konzept für eine Produktionslinie in der vom Kunden geforderten Taktzeit. In Abstimmung mit unter anderem Lean-Abteilungen und Prozessexperten werden Details ausgearbeitet und anschließend auf dieser Basis ein Lastenheft erstellt. Währenddessen werden unter anderem Designänderungen für die Produktion mit der Entwicklung abgestimmt. Aus mehreren potenziellen Linienlieferanten wird über mehrere Auswahlrunden der am besten geeignete Lieferant ausgewählt und das Anlagenprojekt gestartet.

Ich betreue die Konzept- und Konstruktionsphase bis zur Vorabnahme vor Ort beim Lieferanten. In dieser Zeit stimme ich außerdem z. B. die Medienversorgung in der Produktionshalle mit dem Facility-Team des Werks oder die Verpackungsformate passend für die Fertigung mit dem Supply Chain-Management vom Werk ab.

Sobald die Anlagen im Produktionswerk ankommen, übernehme ich in Zusammenarbeit mit den Werksingenieuren die Lieferantenbetreuung vor Ort, von der Installation über Inbetriebnahme bis zur finalen Übergabe ans Werk. Außerdem unterstütze ich während der Produktionshochlaufphase die Anlagenoptimierung und Erreichung der geplanten Taktzeit.

Wie schätzen Sie persönlich den Stellenwert der Maschinenbaubranche ein?

Außer meiner Sicht hat die Maschinenbaubranche einen sehr hohen Stellenwert in der globalen Wirtschaft und besonders in Deutschland. Mit dem wachsenden Fokus auf Automatisierung, Digitalisierung und nachhaltige Technologien wird dieser in den kommenden Jahren voraussichtlich weiter zunehmen. Denn Maschinenbauunternehmen spielen eine wichtige Schlüsselrolle für die Entwicklung und Herstellung von Maschinen und Anlagen, die in nahezu allen Industrien eingesetzt werden, von der Automobilbranche über Energieerzeugung bis hin zur Medizintechnik. Zudem schafft sie Arbeitsplätze und hat ebenfalls eine hohe Bedeutung für die technologische und wirtschaftliche Entwicklung.

Welche Fähigkeiten/Voraussetzungen sollte man für den Beruf mitbringen?

Flexibilität und gute Englischkenntnisse sind sehr wichtig. Je nachdem, wo eine Produktionslinie installiert werden soll, wer der Lieferant ist, wer der Kunde ist, hat man mit den verschiedensten Orten und Nationalitäten zu tun. Man muss Reisebereitschaft mitbringen, wenn Lieferanten beispielsweise in Asien sitzen. Mittlerweile können die chinesischen Maschinenbauer z. B. die europäischen in Preis und Lieferzeit um einiges unterbieten, sodass wir global nach passenden Lieferanten suchen.

Welche Tipps können Sie Absolventen oder angehenden Studenten geben?
Wenn es möglich ist, sollte man definitiv ein Auslandssemester (oder mehr) ins Studium integrieren. Das ist eine sehr wertvolle Erfahrung, die Fremdsprachenkenntnisse und interkulturelle Kompetenz fördert.

Außerdem sehe ich Traineeprogramme als einen sehr guten Einstieg ins Berufsleben und in einen erfolgreichen Karrierepfad. Dabei muss man allerdings sehr auf die Art des Traineeprogramms achten. Es gibt Traineeprogramme, die nicht viel bieten. Aber viele Firmen haben wirklich gute Programme, die klar darauf abzielen, zukünftige Führungskräfte auszubilden, und bei denen viel in die Nachwuchstalente investiert wird und zusätzlich auch ein gutes Einstiegsgehalt geboten wird. Man bekommt die Chance, verschiedene Abteilungen zu durchlaufen, verschiedene Standorte (deutschlandweit/weltweit) kennenzulernen und vor allem ein Netzwerk innerhalb der Firma zu bilden, welches für den späteren Job sehr nützlich ist.

Das Besondere/Spannende an meinem Beruf ist …
… die Schnittstellenfunktion und Zusammenarbeit mit den verschiedensten Abteilungen und internationalen Teams. Außerdem gefallen mir die abwechslungsreiche Arbeit und die Dienstreisen an Standorte weltweit.

Michael Erbsland – Prüfingenieur für Automation und Sicherheit CE

Wohnhaft am Bodensee, erst mit 30 Jahren Studium Maschinenbau als „Studium Plus", eine Kombination aus Maschinenbaustudium und vollwertiger Ausbildung zum Industriemechaniker, Dauer: 4,5 Jahre; das Studium findet immer in Kooperation mit einem Unternehmen aus der Industrie statt, was den Vorteil hat, dass man sehr viele praktische Erfahrungen sammelt; Bachelorarbeit im CE-Zertifizierungsbereich

Wie sind Sie zu Ihrer Tätigkeit gekommen?
Die Automationsabteilung des 600 Mitarbeiter großen mittelständischen Unternehmens entwarf und baute eigene Roboterzellen, die Fertigungsteile aus der Drehmaschine entnahmen, reinigten, vermessen konnten, die Teile mit dem Laser beschrifteten und versandfertig in Blistern ablegten. Da die Firma dafür jemanden im CE-Bereich benötigte, hatte ich mir das benötigte Wissen im Rahmen meiner Bachelorarbeit angeeignet.

Was machen Sie genau?
Für diese Roboterzellen benötigt man in Europa eine CE-Konformitätserklärung. Dies bedeutet, dass eine Betriebsanleitung erstellt werden muss. Die elektrischen Schaltpläne müssen vorhanden sein, und die Sicherheit der Anlage muss durch eine Risikobeurteilung gegeben sein. All diese Punkte und auch Schulungen an den Roboterzellen führte ich durch. Es war viel Aufbauarbeit und Wissenstransfer nötig, aber mit der Zeit bekam ich einen Überblick über die notwendigen Normen und Vorschriften.

Wie sieht ein typischer Arbeitstag bei Ihnen aus?
Bei einem neuen Projekt werden im Vorfeld mit den Konstrukteuren gewisse Risiken besprochen. Begleitend wird die Betriebsanleitung erstellt und die Risikobeurteilung durchgeführt. Am Schluss werden nochmals alle Risiken betrachtet. Bei einem Testlauf schaut man alle Funktionen an, ob sie auch richtig in der Betriebsanleitung beschrieben sind und ob alle Sicherheitsmaßnahmen eingehalten wurden. Man betreut meistens mehrere Projekte gleichzeitig.

Was gefällt Ihnen an Ihrer aktuellen Aufgabe besonders?
Spannend ist, dass ich in der Automatisierung immer neue Projekte und Technologien kennenlernen kann. Auch ist es interessant zu sehen, wie Probleme und Herausforderungen dann technisch gelöst werden.

Welche Fähigkeiten/Voraussetzungen sollte man für den Beruf mitbringen?
Man sollte gerne Dokumentationen erstellen und Freude daran haben, sich eingehend mit Technik und Normen, sowie Risiken zu beschäftigen.

Welche Tipps können Sie Absolventen oder angehenden Studenten geben?
Generell sollte jeder Konstrukteur sich mit dem Thema CE-Konformität beschäftigen, da er auch eine gewisse Verantwortung trägt, dass seine Konstruktion sicher gebaut wird.

Wie sieht es mit den Karrieremöglichkeiten aus?
Viele Firmen lassen die CE-Konformität von externen Dienstleistern erledigen. Einige größere Firmen jedoch haben eigene Stellen dafür geschaffen.

Das Besondere/Spannende an meinem Beruf ist ...
Das Spannende bei mir war, dass ich viel mit einem sehr gut strukturierten und umfangreichen Buch („Die EU-Maschinenrichtlinie") über die Normen und den Umgang mit der Maschinenrichtlinie gearbeitet hatte für meine Bachelorarbeit. Da mir auffiel, dass viele Normen veraltet waren, schrieb ich den Expert Verlag an und dachte nicht weiter darüber nach. Bis ich das Angebot bekam, als Co-Autor für eine Neuauflage mitzuwirken. Ich ergänzte das Buch um weitere Kapitel, welche die Praxis näher erläutern und zeigen, wie man eine Betriebsanleitung ausführlich schreibt und eine Risikobeurteilung durchführt.

Ina Holfelder - Professorin für Konstruktion und Entwicklung an der Berliner Hochschule für Technik

Jahrgang 1982, wohnhaft in Berlin, Studium an der TU Berlin Maschinenbau (2004-2010), Promotion bei der Physikalisch-Technischen Bundesanstalt Berlin, seit 2024 Professorin für Konstruktion und Entwicklung an der Berliner Hochschule für Technik

Wie sind Sie zu Ihrer Tätigkeit gekommen?
Ursprünglich wollte ich Produktdesign an der Universität der Künste studieren. Dort gibt es einmal jährlich eine Aufnahmeprüfung. Beim ersten Versuch bin ich gescheitert und wollte mich in einem Jahr wieder bewerben. Um das Jahr nicht zu verschwenden, habe ich geguckt, was ich studieren kann, sodass ich Fächer anerkannt bekomme für das Produktdesignstudium, falls ich die Aufnahmeprüfung im zweiten Versuch schaffe. Und da schien mir Maschinenbau am besten aufgrund der Fächer CAD, Werkstoffkunde usw. am besten geeignet. Ich habe es auch bei zweitem Versuch nicht an die UDK geschafft und bin dann bei Maschinenbau geblieben.

Was machen Sie genau?
Ich lehre Maschinenbau- und Wirtschaftsingenieurwesen-Studierende im Bachelorstudium in den Fächern Konstruktion und Maschinenelemente, sowie CAD. Gleichzeitig forsche im Bereich Materialforschung und entwickle neue Lehrkonzepte.

Wie sieht ein typischer Arbeitstag bei Ihnen aus?
Tatsächlich ist jeder Tag anders bei mir. Im Semester habe ich an 3 Tagen verschiedene Lehrveranstaltungen. In den übrigen Tagen und in den Semesterferien bereite ich die Lehrveranstaltungen vor und forsche.

Was gefällt Ihnen an Ihrer aktuellen Aufgabe besonders?
Der Umgang mit jungen Menschen und die Energie, die mir das gibt. Ich finde es großartig, anhand meiner Konstruktionsprojekte junge Menschen für den Beruf zu begeistern. Ich mag es auch zu konstruieren, was ich allerdings seit der Professur kaum mehr mache und es vermisse.

Wie schätzen Sie persönlich den Stellenwert der Maschinenbaubranche ein?
Wir sind überall von Maschinen jeglicher Art umgeben, daher ist aus meiner Sicht Maschinenbau eines der wichtigsten Branchen.

Welche Fähigkeiten/Voraussetzungen sollte man für den Beruf mitbringen?
Auf der Seite des Studiengangs Maschinenbau der Berliner Hochschule für Technik steht unter der Aussage ‚Was sollten Sie mitbringen' unter anderem dieser Punkt: ‚Sie haben schon als Kind versucht, Sachen zu reparieren – auch wenn sie gar nicht kaputt waren'. Tatsächlich habe ich schon als 10-jährige Sachen auseinandergebaut, nur um reinzugucken. Daher denke ich die Neugierde, wie Sachen funktionieren, sollte man mitbringen, und um Mathematik kommt man nicht herum.

Welche Tipps können Sie Absolventen oder angehenden Studenten geben?
Sie sollten sich besonders auf die Dinge, die ihnen Spaß machen, fokussieren und dort ihre Spezialisierung vorantreiben. Man ist zu oft damit beschäftigt, Zeit in Gebiete zu investieren, wo man nicht so gut ist, als sich auf den Gebieten weiterzuentwickeln, wo man Spaß hat und sich mehr damit beschäftigen möchte. Später ist es nicht mehr von Bedeutung, ob man in Thermodynamik eine 4 hatte, wenn man Expertise in Produktionstechnik mitbringt.

Wie sieht es mit den Karrieremöglichkeiten aus?
Da der Bereich Maschinenbau so viele verschiedene Facetten und Gebiete beinhaltet, sind die Karrieremöglichkeiten sehr gut.

Das Besondere/Spannende an meinem Beruf ist ...
... neue Ideen und Projekte mit Kollegen aus anderen Fachgebieten zu realisieren.

Haico Fleck - Selbstständig im Bereich Sondermaschinenbau

Jahrgang 1987, Wohnort Leonberg/Baden Württemberg, Studium Maschinenbau, Fachrichtung Produktentwicklung, Hochschule Pforzheim, Abschluss B. Eng 2015, selbstständig, Inhaber von zwei Unternehmen: Aufbau und Etablierung Lohnfertigung Montage- und Schweißbaugruppen mit Fertigung im In- und Ausland sowie Sondermaschinenbau mit Schwerpunkt Automatisierung & Schaltschrankbau

Wie sind Sie zu Ihrer Tätigkeit gekommen?

Während meiner mittleren Reife (Realschule) war ein einwöchiges Praktikum für alle Schüler angesetzt (BORS). Ich war bei einer Firma, die Prüfstände für Getriebe baute. Ich war hier schon recht technikbegeistert und fragte einen Mitarbeiter, was ich machen müsste, um solche Maschinen bauen zu können. Der sagte etwas flapsig, ich müsse Maschinenbau lernen. Obwohl ich später erfuhr, dass man dazu studieren müsste, was für mich als eher miesen Schüler eigentlich nicht zur Debatte stand, ging ich Jahre später diesen Weg. Der führte mich über eine Ausbildung zum Industriemechaniker mit Zusatzausbildung zur Elektrofachkraft und der Fachhochschulreife im zweiten Bildungsweg zum Studium Maschinenbau.

Nach dem Studium war ich einige Jahre bei einem Hersteller von Lasermaschinen tätig, und zwar in der Projektleitung im Vertrieb. Neben Standardmaschinen wickelte ich insbesondere Sonderumbauten ab. Hier flammte die frühe Begeisterung für Sondermaschinen wieder auf. Während der Corona-Pandemie hatte ich wie so viele Zeit zum Nachdenken und bin das Thema der Selbstständigkeit angegangen.

Was machen Sie genau?

1. Bearbeitung von Anfragen für Baugruppen, Kalkulation der Rohmaterialien, Zerspanungsarbeiten und Schweiß-/Montagearbeiten, Angebotserstellung und Preisverhandlung, Einkauf und Projektkoordination

2. Projektierung (Planung) von Schaltschränken & Schaltungen, Montage und Verdrahtung der Schaltschränke, SPS- & Roboterprogrammierung, Schaltpläne, Auslegung der Maschinensicherheit

Wie sieht ein typischer Arbeitstag bei Ihnen aus?
Seit ich in der Selbstständigkeit bin, gibt es keinen typischen Arbeitstag mehr. Wenn es gut läuft, ist der Tag im Voraus klar und ich bin im Homeoffice und plane oder kalkuliere, bin an einer Maschine in der Werkstatt oder beim Kunden.

Häufig werden solche Pläne aber von der Realität eingeholt, und es kommt ein drängendes Thema auf, das sofort bearbeitet werden möchte.

Was gefällt Ihnen an Ihrer aktuellen Aufgabe besonders?
Die Arbeit ist sehr flexibel, ich organisiere den Alltag komplett selbst. Ich kann (im Detail) frei entscheiden, welche Technik zum Einsatz kommt und wie wir Dinge umsetzen. Arbeiten, die ich als sinnlos empfinde, kann ich häufig direkt ad acta legen, denn es gibt keine angrenzenden Abteilungen, die aufgrund beschlossener Prozesse Aufgaben anfordern.

Auf jeden Fall kenne ich alle Hintergründe und weiß, warum Dinge getan werden müssen. Das ist für meinen persönlichen Seelenfrieden sehr wichtig.

Wie schätzen Sie persönlich den Stellenwert der Maschinenbaubranche ein?
Der Maschinenbauer wird heute oft als stumpfer Mechaniker verstanden, den es vielleicht bald nicht mehr braucht, denn Software ersetzt Stück für Stück, was bisher mechanisch gelöst wurde. Hierbei wird oft unterschätzt, was ein Maschinenbauer alles erschaffen kann. Mein Studium war gezielt auf Produktentwicklung ausgelegt. Ein Produkt ist hier alles, was erschaffen werden muss. Wir hatten also gar nicht unbedingt eine große Produktionsmaschine im Blickfeld, sondern haben das Design von Kaffeemaschinen diskutiert, über die Heizungsmöglichkeiten in einem Haartrockner nachgedacht, einen Pumpmechanismus für Flaschen ...

Der Maschinenbauer ist eine Grundform des Ingenieurs, der seine Vielfalt erst nach dem Studium im Feld entwickelt. Er kann am Ende seiner beruflichen Laufbahn alles gewesen sein.

Welche Fähigkeiten/Voraussetzungen sollte man für den Beruf mitbringen?
Wer eher theoretisch veranlagt ist, sollte gut mit Zahlen und abstrakten Rechnungen umgehen können. Denn die Mathematik wird in diesem Feld ausgereizt.

Wer sich, wie ich, eher als Praktiker sieht, wird einen anderen Weg gehen. Für diese Menschen ist eine Hochschule häufig vorteilhafter als eine Universität. Denn die Studiengänge sind deutlich kleiner, wodurch deutlich mehr praktische Übungen durchgeführt werden (ein Labor für 80 Personen ist einfacher zu organisieren als für 800). Hier kann ich ebenfalls meinen Weg nur empfehlen, die Ausbildung vorher hatte für mich in Summe den größten Impact meines Weges. Und es hilft unheimlich beim Verständnis im Studium!

Welche Tipps können Sie Absolventen oder angehenden Studenten geben?
Ich war eine Katastrophe in der Schule, hatte zwischendurch in allen Naturwissenschaftlichen (MINT) Fächern die Note 5 im Zeugnis. Natürlich wurde mir von vielen Seiten geraten, nichts in diesem Bereich zu machen, das würde mich nur frustrieren. Ich kann daher nur empfehlen, folgt eurem inneren Kompass und macht, was euch Spaß bringt.

Jeder Weg ist zwischendrin irgendwann einmal steinig und alles schreit nach Aufgeben. Beißt euch durch, habt aber auch keine Scheu, unterwegs eine neue Abzweigung zu gehen. Hört auf Menschen, die an euch glauben. Und glaubt nie, dass euer aktuelle Weg der sein wird, den ihr in ein paar Jahren noch verfolgen werdet. Ihr könnt weiterhin mit jeder Ausbildung immer noch alles werden.

In jedem Fall ist es unerlässlich, heute mit Elektrik und Software umgehen zu können. Ihr müsst hier keine Experten werden, aber das Grundverständnis ist Pflicht!

Wie sieht es mit den Karrieremöglichkeiten aus?
Wie gesagt, der Maschinenbauer kann absolut alles werden. Denkt darüber nach, ob ihr euch eher als Experten seht oder als Manager. Beide Wege stehen offen, können aber mit der Wahl der passenden Ausbildung/Studienfächer begünstigt werden.

Das Besondere/Spannende an meinem Beruf ist ...
... das lebenslange Lernen. Die Tätigkeit verändert sich rasend schnell. Zu Beginn meiner Laufbahn hat man noch sehr vieles mechanisch gelöst. Heute kümmere ich mich zu 90 Prozent um Software und Elektrik ..., das hätte ich früher nicht gedacht.

Dominik Smith - Homologations- & Qualitätsingenieur

Jahrgang 1991, Wohnort Fensterbach i. d. Opf., Ausbildung zum Schreiner/Tischler und zum Kfz-Mechatroniker, Kfz-Technikermeister 2017, Duales Studium Maschinenbau via TÜV Süd AG, Schwerpunkt Fahrzeugtechnik an der TH Nürnberg, Abschluss 2020, Gründung der Futero GmbH, heute: Leiter Homologation & Qualitätsingenieur

Berufliches Highlight

Parallel zum Studium habe ich zunächst ein Einzelunternehmen gegründet, mit dem Schwerpunkt Konstruktion/Simulation, Spezialanfertigungen und Baugruppenauslegung. Des Weiteren habe ich die Baugruppen physisch gefertigt und weitere Mitarbeiter eingestellt (Meister, Schweißer, Weitere Produktionshelfer, Auszubildende). Nach meinem Studium habe ich aus Zeitgründen beim TÜV Süd gekündigt, um die Futero GmbH zu gründen und somit das anfängliche Einzelunternehmen zu erweitern.

Meilensteine der Futero GmbH:

- größter Strahlraum für gewerblich extern angebotene Leistung für das mechanische Strahlverfahren in der Oberpfalz; Innenmaße (10x6x5) m (LxBxH) m; max. anliegender Arbeitsdruck 11 bar im Schichtbetrieb
- chem. Entlackungsbecken mit autom. Hebe- & Senkvorrichtung, max. Warenfenster (3,5x1,5x2) m
- 5x wassergekühlte Schweißgeräte 500A
- 21 Vollzeitbeschäftigte; 5 Teilzeitbeschäftige; 3 Auszubildende; 2 geringfügig Beschäftigte
- Leistungsbereiche der Futero GmbH:
- Konstruktionsbüro – Auslegung; Optimierung; Prototyping; FEM
- Stahl- & Metallbau – Lohnschweißfertigung; Balkon-, Treppen-, & Geländerbau; Prototypenbau
- Oberflächentechnik – mech. Strahlverfahren, chem. Entlackung
- Nach einem schweren Einbruchdiebstahl durch den eigenen Fertigungsleiter inkl. Komplizen und daraus resultierender Insolvenz im Jahr 2022 kam das Aus der Futero GmbH.

Wie sind Sie zu Ihrer Tätigkeit gekommen?
Aktuelle Tätigkeit: Leiter Homologation & Qualitätsingenieur (durch Bewerbung, Vorstellungsgespräch etc.)

Was machen Sie genau?
Head of Homologation, ich treibe die qualitätsspezifischen Prozesse/ Abläufe voran.

Wie sieht ein typischer Arbeitstag bei Ihnen aus?
Definition Homologation Fahrzeug:

Erteilung einer Genehmigung durch eine offizielle Behörde nach geltendem Recht, z. B. auf Basis einer EU-Verordnung (z. B. die VO (EU) 168/2013). Im Nachhinein gilt es, die Produktkonformität des jeweiligen Produkts physisch zu prüfen.
Ablauf:

Die Geschäftsführung legt ein Produkt fest (in diesem Fall z. B. ein Fahrzeug). Ich fordere alle notwendigen Dokumente für das Fahrzeug vom Hersteller an (z. B. die sog. Typgenehmigung Gesamtfahrzeug). Bei einem Neufahrzeug bzw. Fahrzeug, das eine neue Typgenehmigung/Nachtrag der Typgenehmigung hat, beantragen wir beim zuständigen Kraftfahrt-Bundesamt (kurz KBA) eine sog. Typschlüsselnummer (TSN, welche später auch in der Zulassungsbescheinigung Teil I+II zu sehen ist). Das Beantragen einer TSN ist elementar für nachfolgende Fahrzeugzulassungen, da das KBA die notwendigen Fahrzeug-Typdaten unter einer spezifischen TSN, kombiniert mit einer festen Herstellernummer (kurz HSN), in der zentralen Fahrzeugdatenbank hinterlegt.

Des Weiteren fordern wir vom Hersteller die sog. Konformitätsbescheinigung (engl.: CoC = Certificate of Conformtity) an. Bei Fahrzeugmarken, bei denen wir rechtlich der Hersteller/Erstinverkehrbringer sind, erstellen wir ggf. Dokumente selbst oder beantragen diese bei bekannten Prüfinstitutionen (z. B. eine Typgenehmigung kann beim TÜV Süd, TÜV Nord, DEKRA etc.) in Auftrag gegeben werden, um das Fahrzeug, je nach Fahrzeugklasse unter den gesetzlichen Vorschriften, der zutreffenden Verordnung auf Produktkonformität zu prüfen.

Bei einer Fahrzeugbestellung von mehreren Hundert oder Tausend Stück wird ein Fahrzeug aus der laufenden Produktion gezogen, auf Konformität in der Werkstatt physisch und in Gänze geprüft. Die Prüfung läuft unter gängigen Qualitätsmethoden und wird dementsprechend auch als solches dokumentiert. Ab Bestellung wird die gesamte bestellte Produktgruppe unter dem Status „gesperrt/in Prüfung“ gesetzt. Nach erfolgreicher Homologationsprüfung erteile ich die offizielle technische Freigabe der Produktgruppe. Diese Freigabe erhalten alle Abteilungen, die primär mit den aufgeführten Produkten arbeiten.

Ein weiterer Aspekt meiner Tätigkeit liegt darin, bei fortlaufenden Gesetzesänderungen aktive Recherchearbeit zu betreiben und ggf. auch den Kontakt zum Bundesministerium und Parlament aufzunehmen, bei offenen Fragen und Diskussionen bzgl. betroffener Gesetze, Entwürfe und Verordnungen.

Was gefällt Ihnen an Ihrer aktuellen Aufgabe besonders?
Keine Aufgabe gleicht einer anderen, da jedes Produkt individuell anzusehen ist. Was kann man sich darunter vorstellen? Zum Beispiel ist ein Porsche 911 vom Design her (z. B. lichttechnisches Design/Technologie) grundlegend anders als ein Toyota Prius.

Darüber hinaus die technische Vielfältigkeit: Man bleibt technisch nie stehen, da der Markt sich stets weiterentwickelt und somit auch die Fahrzeugtechnik; somit bin ich immer auf dem neuesten Kurs der Technik.

Was auch sehr spannend ist, ist der Austausch mit Regierungsvertretern, Minister oder die Teilnahme an Veranstaltungen. Hier lernt man sehr viele interessante Unternehmen bzw. Mitarbeiter kennen, mit denen man sich austauschen kann. Des Weiteren erfährt man anstehende Gesetzesänderungen und sieht technische Neuentwicklungen weit vor der allgemeinen Bevölkerung.

Wie schätzen Sie persönlich den Stellenwert der Maschinenbaubranche ein?
Ich persönlich halte die Maschinenbaubranche speziell für unsere Wirtschaft für einen elementaren Eckpfeiler. Wenn ich jetzt als Beispiel die Fahrzeugindustrie nehme, sollte einem klar sein, wie tief die Entwicklung im Ingenieurwesen im Detail als solches geht. Es ist unglaublich, wie viele technische Entwicklungen allein in unserem Land entstanden, aus denen sich primär ein Geschäftszweig/Branche ableiten lässt. Jedoch muss ich an dieser Stelle auch meine Befürchtung für die Zukunft dieser Branche aussprechen, wenn es politisch so weitergeht.

Welche Fähigkeiten/Voraussetzungen sollte man für den Beruf mitbringen?

Freude an komplexen Problemstellungen sowie eine hohe technische Affinität sind Grundvoraussetzung. Außerdem ist ein großer Teil der Typgenehmigungen in Englisch verfasst, sodass man mindestens Englisch beherrschen sollte, von Vorteil wäre technisches Englisch.

Darüber hinaus benötigt man ein sehr gutes Textverständnis, um sich in Gesetzestexte einlesen zu können und diese auch zu verstehen.

Welche Tipps können Sie Absolventen oder angehenden Studenten geben?

Für angehende Studenten:

Trau dich etwas und sei offen für Neues. Festige deine Stärken und konzentriere dich während des Studiums auf das Wesentliche. Speziell für Studenten, die keine Berufsausbildung mitbringen, empfehle ich, Zusatzkurse zu belegen, mit abschließendem Zertifikat (z. B. Strahlenschutz, Qualitätsmanagement-Kurse u. v. m.), die man bereits für wenig Geld (in manchen Fällen sogar kostenlos) erwerben kann. Was man hat, das hat man und macht sich gut in der späteren Bewerbungsphase.

Für Absolventen:

Wer nicht einschlägige Berufserfahrung hat, sollte anfangs nicht zu wählerisch sein, da der aktive Bewerbungsmarkt durch die Bologna-Reform enorm zugenommen hat. Wichtig ist es anfangs, Erfahrungen zu sammeln und sich als junger Absolvent beruflich zu finden. Hier hilft selbstverständlich, zunächst sein persönliches Interessensfeld zu finden und sich konkret darauf zu bewerben. Keine Scheu haben, auch mal persönlich samt Bewerbungsmatte bei dem Wunschunternehmen aufzutauchen, um sich vorzustellen.

Wie sieht es mit den Karriere- und Verdienstmöglichkeiten aus?

Zum einen werden Homologationsingenieure in der Fahrzeugindustrie stark gesucht, da es ein sehr komplexer Bereich ist, der je nach Fahrzeugklasse sehr umfangreich ist. Je nach Erfahrungsgrad wird man hier zu einem unverzichtbaren Mitarbeiter für das jeweilige Unternehmen. Hat man erst mal Erfahrung in der Homologation gesammelt, setzt der Beruf keine feste Richtung. Man kann beispielsweise von der Fahrzeugbranche auch in andere Branchen wechseln, da man es gewohnt ist, mit Gesetzen und Vorschriften zu jonglieren. Selbstverständlich muss man sich dann den jeweiligen Produkten anpassen und sich das spezifische Produktwissen aneignen, jedoch bleibt das Prinzip fast identisch.

Des Weiteren hat man die Möglichkeit, wenn man sich auf ein spezif. Themengebiet spezialisiert hat und viel Erfahrung gesammelt hat, sich als unabhängiger Berater/Consultant selbstständig machen. Hier gibt es einen großen Bedarf seitens der Unternehmen, da es in der Branche aufgrund der Komplexität nicht so viele Spezialisten gibt.

Als unerfahrener Homologationsingenieur fängt man möglicherweise mit einem Jahresbrutto von 60.000 Euro an; je nach Erfahrung kann man aber bereits nach kurzer Zeit auf 75.000 Euro Jahresbrutto kommen. Das Durchschnittsjahresbruttogehalt einer leitenden Position bewegt sich zwischen 95.000 und 115.000 Euro.

Ronja Luber – Von der Floristin zur Konstrukteurin von Landmaschinen

Konstrukteurin in der Entwicklung eines Unternehmens, was sich auf die Herstellung von Landmaschinen spezialisiert hat; in dieser Position verantwortlich für die Konzeption und Konstruktion neuer Maschinen oder Ausstattungsmöglichkeiten; duales Studium Maschinenbau und währenddessen Ausbildung als Fertigungsmechanikerin; Bachelor in Maschinenbau an der OTH Amberg – Weiden im März 2022

Wie sind Sie zu Ihrer Tätigkeit gekommen?
Nach meiner Ausbildung zur Floristin habe ich mich entschieden, meinen beruflichen Werdegang in eine technische Richtung zu lenken. Dafür bin ich auf die Berufsoberschule in Schwandorf gegangen und habe dort den technischen Zweig gewählt. Nachdem ich mein allgemeines Abitur nachgeholt hatte, habe ich mich für ein duales Studium beworben. Dieses habe ich im März 2022 erfolgreich abgeschlossen und arbeite seitdem in dem Unternehmen, in welchem ich auch das Verbundstudium absolviert habe.

Was machen Sie genau?
Ich entwickle und konstruiere Einzelkornsämaschinen mit einer Arbeitsbreite von neun bis zwölf Metern. Dabei liegt mein Fokus auf der Entwicklung von Flüssigdüngersystemen, die eine effiziente und gezielte Düngung ermöglichen. Als Spezialistin für Flüssigdüngersysteme arbeite ich an der Optimierung und Weiterentwicklung dieser Technologie, um Landwirten eine effektive und nachhaltige Bewirtschaftung ihrer Felder zu ermöglichen.

Wie sieht ein typischer Arbeitstag bei Ihnen aus?
Ein typischer Arbeitstag beginnt bei mir wie die meisten Bürojobs. Nachdem ich meinen Computer gestartet habe, überprüfe ich meine E-Mails, um auf wichtige Nachrichten oder dringende Anfragen zu reagieren. Wenn gerade kein größeres Projekt, wie die Entwicklung einer neuen Maschine oder die Erarbeitung von neuen Ausstattungsmöglichkeiten, ansteht, widme ich mich anderen Aufgaben in meinem Verantwortungs-

bereich. Dazu gehört oft die Kommunikation mit der Produktion oder mit Lieferanten. Dabei geht es darum, mögliche Verbesserungen oder Änderungen bei den Bauteilen oder Baugruppen zu besprechen.

Während des Tages können auch unvorhergesehene Aufgaben auftauchen, die meine Aufmerksamkeit erfordern. Insgesamt ist mein Arbeitstag geprägt von einer Mischung aus Projektarbeit, Kommunikation und Koordination, um sicherzustellen, dass unsere Produkte stets den aktuellen Anforderungen und Standards entsprechen.

Was gefällt Ihnen an Ihrer aktuellen Aufgabe besonders?
An meiner aktuellen Aufgabe schätze ich besonders die Abwechslung und die Vielfalt der Tätigkeiten, die damit einhergehen. Es gibt immer neue Herausforderungen und Aufgaben zu lösen, was den Arbeitsalltag sehr interessant gestaltet.

Es kommt vor, dass ich bei der Mustermontage oder bei Umbauprojekten direkt vor Ort im Versuchsbereich bin und selbst an den Maschinen arbeite. Diese praktische Erfahrung ist äußerst wertvoll, da sie mir ein besseres Verständnis für die Maschinen und Prozesse vermittelt und mir ermöglicht, Probleme aus erster Hand zu lösen. Auch habe ich die Möglichkeit, bei der Erstinbetriebnahme meiner Maschinen direkt am Feld dabei sein zu können. Diese Phase des Projekts ist entscheidend, um sicherzustellen, dass alles wie geplant funktioniert.

Insgesamt schätze ich die Vielseitigkeit meiner Tätigkeit und die Möglichkeit, sowohl im Büro als auch in der praktischen Umsetzung involviert zu sein. Dies trägt dazu bei, dass kein Arbeitstag dem anderen gleicht und sich immer neue Möglichkeiten zur Weiterentwicklung und zur Lösung spannender Herausforderungen bieten.

Wie schätzen Sie persönlich den Stellenwert der Maschinenbaubranche ein?
Die Maschinenbaubranche ist von großer Bedeutung für die wirtschaftliche Entwicklung, die technologische Innovation und die nachhaltige Zukunft. Sie wird auch weiterhin eine Schlüsselrolle spielen, da die Gesellschaft vor neuen Herausforderungen steht, sei es in Bezug auf den Klimawandel, die Digitalisierung oder die Entwicklung neuer Mobilitätslösungen.

Welche Fähigkeiten/Voraussetzungen sollte man für den Beruf mitbringen?

Im Maschinenbau ist es oft notwendig, komplexe Baupläne und technische Zeichnungen zu verstehen und zu interpretieren. Ein ausgeprägtes räumliches Vorstellungsvermögen hilft dabei, diese Pläne in die Praxis umzusetzen. Es ist oft nötig, knifflige Probleme und technische Herausforderungen zu lösen. Daher ist es hilfreich, die Fähigkeit zu haben, kreative Lösungen zu finden und verschiedene Ansätze zur Problemlösung zu entwickeln. Auch Mathematik und Physik spielen eine wichtige Rolle im Maschinenbau, insbesondere bei der Berechnung von Kräften, Spannungen, Dimensionen und anderen technischen Parametern.

Wer Interesse hat, in der Maschinenbaubranche zuarbeiten, sollte über ein starkes technisches Fundament, analytische Fähigkeiten, Kreativität und die Bereitschaft zur lebenslangen Weiterentwicklung verfügen.

Welche Tipps können Sie Absolventen oder angehenden Studenten geben?

Ich würde jedem zu einem dualen Studium raten. Wenn es die Möglichkeit gibt, ein duales Studium zu absolvieren, sollte man diese nutzen. Es bietet eine einzigartige Gelegenheit, sowohl theoretisches Wissen aus dem Studium als auch praktische Erfahrungen direkt im Berufsfeld zu sammeln. Diese Kombination kann ein wertvoller Vorteil auf dem Arbeitsmarkt sein. Ein weiterer positiver Aspekt ist die finanzielle Unterstützung in Form des monatlichen Gehalts. Ich musste bei meiner Firma nur in den Semesterferien arbeiten und konnte mich somit während des Semesters vollkommen auf das Studium konzentrieren.

Wie sieht es mit den Karrieremöglichkeiten aus?

Die Karrieremöglichkeiten im Bereich Maschinenbau variieren stark und sind beispielsweise von der Größe und Struktur des Unternehmens abhängig. In großen Konzernen können höhere Positionen in der Regel einen Masterabschluss oder einen Doktortitel erfordern. Dies gilt insbesondere für leitende Positionen wie Abteilungsleiter oder Forschungsleiter. In kleineren Unternehmen mit flacheren Hierarchien können Bachelorabschlüsse oder Abschlüsse als Maschinenbautechniker ausreichen, um verantwortungsvolle Positionen zu erreichen.

Die Karrieremöglichkeiten im Maschinenbau sind vielfältig, aber hängen stark von individuellen Faktoren und den Anforderungen des jeweiligen Arbeitgebers ab. Es ist wichtig, die eigenen Karriereziele und

Interessen zu berücksichtigen und entsprechende Bildungs- und Berufspfade zu verfolgen. In der Regel bieten die Maschinenbaubranche und ihre verschiedenen Unterdisziplinen jedoch gute Aufstiegsmöglichkeiten für gut ausgebildete und engagierte Fachkräfte.

Das Besondere/Spannende an meinem Beruf ist …
…, dass ich den gesamten Prozess von der Idee bis zum greifbaren Bauteil durchlaufe. Es beginnt oft mit einer kreativen Idee oder einem Problem, das gelöst werden muss. Dafür wird ein Konzept ausgearbeitet, das Design entwickelt und zu guter Letzt das Bauteil konstruiert. Am schönsten ist es, wenn man das fertige Produkt in der Hand hält oder sieht, wie es funktioniert. Dieser Prozess – vom Gedanken bis zur Realität – ist es, der meinen Beruf im Maschinenbau so besonders und spannend macht.

Ulf Kletzin – Professur „Maschinenelemente“ und Leiter im Steinbeis-Transferzentrum „Federntechnik“ in Ilmenau

Jahrgang 1968, wohnhaft in Martinroda bei Ilmenau, Studium Maschinenbau an der TU Ilmenau, Vertiefungsrichtung: Geräteentwicklung/ Konstruktion, Dipl.-Ing. 1993, heute: Professur „Maschinenelemente“ an der Technischen Universität Ilmenau (Forschung: Federntechnik. Offizielle Forschungsstelle des Verbandes der Deutschen Federnindustrie und der Eisendraht- und Stahldrahtvereinigung; Lehre: Maschinenelemente, Betriebsfestigkeit, Technische Federn) und Steinbeisleiter im Steinbeis-Transferzentrum „Federntechnik“ in Ilmenau

Wie sind Sie zu Ihrer Tätigkeit gekommen?

Nach meinem Maschinenbaustudium bin ich zunächst für vier Jahre in Ilmenau an der Technischen Universität geblieben, habe als wissenschaftlicher Assistent auf dem Gebiet von technischen Federn geforscht und war in der Lehre in Seminaren und Praktika tätig, was mir damals schon sehr viel Freude bereitet hat.

Meine in dieser Zeit begonnene Promotion, ein „Finite-Elemente-basiertes Entwurfssystem für Federn und Federanordnungen“ habe ich dann schon in einem Angestelltenverhältnis bei einem Kfz-Zulieferer fertiggestellt. Dort war ich als „Simulant“ in der Vorausentwicklung tätig und habe komplexe Berechnungen und Simulationen für die Entwicklung von Fensterhebern, Türmodulen und Fahrzeugsitzen, Letztere bis hin zu Crashsimulationen mit Dummys durchgeführt. Die Crashsimulationen waren damals ein völlig neues und damit extrem spannendes Aufgabenfeld, was die Entwicklungszeit von Fahrzeugsitzen um mehrere Monate verkürzen konnte.

Danach bin ich zu einem kleinen Start-up-Unternehmen gewechselt, das ein ehemaliger Studienfreund gegründet hatte. Dort war ich nach wenigen Jahren zuletzt als CEO für das gesamte Unternehmen verantwortlich. Wir haben dort Haltungs- und Bewegungsmonitoring mit selbst entwickelten mobilen Messsystemen und Analysesoftware an Menschen gemacht. Die Anwendungsfelder gingen von der Orthopädie über Arbeitsplatzanalysen und Fahrzeugsitze bis hin zu Hochleistungssportlern

(z. B. Läufer, Skispringer, Fußballer ...) was auch wieder extrem spannende Einblicke in ganz unterschiedliche Welten gebracht hat.

Dort hat mich dann ein Professor angesprochen, mit dem ich in meiner Assistententätigkeit in Ilmenau zusammen eine Lehrveranstaltung aufgebaut und durchgeführt hatte, dass die Professur „Maschinenelemente" in Ilmenau, also letztlich die Position meines Doktorvaters, ausgeschrieben sei. In einem relativ aufwendigen Bewerbungsverfahren mit Unterlagen, Probevorlesung, wissenschaftlichem Vortrag und Bewerbungsgesprächen habe ich mich dann gegen etwa 20 andere Bewerberinnen und Bewerber durchsetzen können. Die Entscheidung, den Ruf anzunehmen, fiel mir trotzdem nicht ganz leicht, da mir meine damalige Tätigkeit eben auch sehr viel Spaß gemacht hat.

Was machen Sie genau?

In der Lehre halte ich für verschiedene Bachelorstudiengänge Vorlesungen zu Grundlagen von Festigkeitsberechnungen und zu Verbindungen, Achsen und Wellen, Lagern, Getrieben, Kupplungen und Bremsen und natürlich auch zu meinem Lieblingsthema: Federn. Als Maschinenbauingenieurin oder Ingenieur darf man viel rechnen, die notwendige Mathematik ist jedoch relativ überschaubar. Im Masterbereich biete ich dann Lehrveranstaltungen zu Betriebsfestigkeit und vertiefend zu Federn an. Insgesamt geht meine Lehrtätigkeit vom ersten bis zum letzten Semester einzelner Studiengänge und umfasst natürlich auch die Betreuung von studentischen Arbeiten.

Meine Forschungstätigkeit reicht in der Federntechnik von der Herstellung des Ausgangsmaterials (insbesondere Federstahldraht) über die Herstellung und Prüfung verschiedenster Federtypen bis zum Schwerpunkt Federauslegung und Nachrechnung, Prozessentwicklungen und Entwicklung von Methoden und Werkzeugen (Vorgehensweisen zur Problemlösung, Software- und Hardwarelösungen). Da gilt es, Forschungsgelder einzuwerben, Projekte zu managen, Veröffentlichungen und Bücher zu schreiben.

Wie sieht ein typischer Arbeitstag bei Ihnen aus?

Den gibt es zum Glück nicht. Lehren, Forschen, Gremienarbeit, Arbeit in wissenschaftlichen Gesellschaften, als Gutachter, Alltagsgeschäft, Zukunftsthemen, Leiten, Lenken, Managen, Tagen und Netzwerken. Zusammenarbeiten mit einem sehr vielfältigen Spektrum an Menschen gehört natürlich auch dazu.

Was gefällt Ihnen an Ihrer aktuellen Aufgabe besonders?
Der Industrie, insbesondere kleinen und mittleren Unternehmen Methoden, Werkzeuge, Informationen und Hilfsmittel an die Hand geben zu können, die ihnen die tägliche Arbeit erleichtern und zu neuen und/oder verbesserten Produkten führen.

Wie schätzen Sie persönlich den Stellenwert der Maschinenbaubranche ein?
Der globale Klimawandel und die von der UN formulierten Ziele für nachhaltige Entwicklung stellen eine extreme Herausforderung dar. Bei der unbedingt notwendigen Entwicklung von Lösungen, die sozialen, ökonomischen und ökologischen Zielen gleichermaßen gerecht werden, spielen alle Ingenieurwissenschaften eine zentrale Rolle.

So ist eine Bewältigung der Klimawende bzw. ein sinnvoller Umgang mit der Klimaentwicklung ohne Mitwirkung der Maschinenbaubranche nicht möglich, ohne Maschinenbau gäbe es keine Windkraftanlagen, keine modernen Mobilitätslösungen, keine neuartigen Energiespeichersysteme, die Liste kann endlos weitergeführt werden. Dafür muss Verständnis in der Gesellschaft aufgebaut werden, um die Stärkung der natur- und technikwissenschaftlichen Ausbildung an den Schulen und eine Bewerbung und Weiterentwicklung ingenieurwissenschaftlicher Studiengänge zu ermöglichen. Die aktuelle Studierendenzahl im Maschinenbau ist leider nicht ausreichend, um den Bedarf der Branche zu decken. Oder mal ganz pauschal zusammengefasst: Die Maschinenbaubranche ist notwendig, um „die Welt zu retten".

Welche Fähigkeiten/Voraussetzungen sollte man für den Beruf mitbringen?
Da braucht es gar nicht so viel, das Wichtigste sind Neugier, Technikaffinität, Anstrengungsbereitschaft und Freude am Gestalten. Hilfreich sind darüber hinaus theoretische und praktische Technikgrundkenntnisse: einfach mal das Fahrrad selber warten, reparieren, nach eigenen Vorstellungen umbauen ... sind da schon extrem hilfreich, es muss nicht gleich das Moped oder das Auto sein.

Da an den Schulen leider nahezu keine technischen Grundlagen mehr ausgebildet werden, spielt der Notenschnitt (vielleicht abgesehen von den Naturwissenschaften) nur eine untergeordnete Rolle.

Welche Tipps können Sie Absolventen oder angehenden Studenten geben?
Angehenden Studenten: kontinuierlich arbeiten, insbesondere beim Einstieg ins Studium, wenn entscheidendes Grundlagenwissen vermittelt wird. Offenheit auch für Lehrstoff, dessen Nutzen sich nicht unmittelbar erschließt. Fragen stellen, wir Lehrende sind dafür da, sie zu beantworten.

Absolventen: Seien Sie offen für Neues, immer wieder, es gibt unendlich viele spannende Aufgaben für Ingenieure.

Wie sieht es mit den Karrieremöglichkeiten aus?
Alles ist möglich! Von Anstellungen in kleinen, mittleren oder großen Unternehmen mit fokussierten oder sehr breiten Aufgabenspektren über die Gründung eigener Unternehmen bis hin zu wissenschaftlichen Karrieren ist in allen Hierarchieebenen Platz für Ingenieure.

Das Besondere/Spannende an meinem Beruf ist ...
..., dass jeder Tag anders ist. Die universitären und die unternehmerischen Tätigkeiten sind sehr breit gefächert und bieten sehr unterschiedliche Herausforderungen.

Noch wichtiger: die Möglichkeiten zur Mitgestaltung der technischen Welt von morgen: direkt durch Forschung und Produktentwicklung, indirekt durch die Ausbildung von Ingenieurinnen und Ingenieuren.

Luisa Günther - Project Managerin bei Apple Inc., USA

Bachelor Maschinenbau an der Berliner Hochschule für Technik (2021), Umzug in die USA, Master Engineering Management an der University of South Florida (2023), derzeit tätig als Project Managerin bei Apple Inc. in den USA, Betreuung komplexer technischer Projekte an der Schnittstelle von IT, Ingenieurwesen und Management

Der Maschinenbau ist die Mutter aller Ingenieurwissenschaften. Er bildet die Grundlage für zahlreiche technische Disziplinen und bietet ein breites Fundament, das vielseitige Karrierewege eröffnet. Von dort aus kann man in nahezu jede Industrie oder Spezialisierung gehen – sei es Automobil, Luft- und Raumfahrt, Medizintechnik, IT oder Management. Diese Vielseitigkeit macht den Maschinenbau zu einer zukunftssicheren und essenziellen Branche in der globalen Wirtschaft.

Wie sind Sie zu Ihrer Tätigkeit gekommen?

Ich selbst bin in einem Amerikanischen Unternehmen als SAP Retail Projekt Managerin in der IT-Branche gelandet. Mein Team ist weltweit in die SAP Retail IT Tools der Apple Stores involviert. Ich darf jeden Tag mit Kollegen von allen Kontinenten an innovativen Projekten arbeiten und genieße dies sehr.

Ein praxisnahes Maschinenbaustudium, kombiniert mit der intrinsischen Motivation, die Welt zu entdecken und international zu arbeiten, eröffnet Türen zu Jobs in nahezu jedem Land – wenn man gezielt nach Möglichkeiten sucht. Wo ein Wille ist, ist auch ein Weg. Die Professoren an der Berliner Hochschule für Technik haben mich dabei sehr unterstützt, insbesondere mit Empfehlungsschreiben für US-Studiengänge und Stipendien. Mein Rat: Sucht euch eure Unterstützer und Mentoren!

Was gefällt Ihnen an Ihrer aktuellen Aufgabe besonders?

Ich hätte mir selbst nie erträumt, eines Tages für Apple Inc. – eines der bekanntesten und erfolgreichsten Technologieunternehmen der Welt – zu arbeiten. Die amerikanische Arbeitskultur unterscheidet sich in vielen Aspekten von der deutschen, doch die Möglichkeit, in einem internationalen Umfeld tätig zu sein, hat mich schon immer gereizt. Mein Arbeitsalltag ist abwechslungsreich: Ich arbeite mit multi-funktionalen Teams auf der ganzen Welt, betreue verschiedene Projekte und lerne kontinuierlich dazu.

Welche Fähigkeiten/Voraussetzungen sollte man für den Beruf mitbringen?
Genau das ist ein wichtiger Aspekt: Wer mutige Karriereentscheidungen trifft, muss bereit sein, sich ständig neues Wissen anzueignen. Gerade in den Ingenieurwissenschaften ist lebenslanges Lernen eine Selbstverständlichkeit und Notwendigkeit. Branchen, Technologien, Tools und Anforderungen verändern sich stetig – und mit ihnen auch die beruflichen Herausforderungen.

Der Übergang vom Studium in den Beruf bringt eine wesentliche Erkenntnis mit sich: Man beginnt mit einem soliden technischen Fundament, doch die spezifischen Anforderungen eines Unternehmens – Prozesse, Produkte, Abkürzungen, Hierarchien oder Projektstrukturen – müssen erst studiert und erlernt werden. Während ein Studium wertvolle theoretische und methodische Grundlagen vermittelt, ist es die Praxis, die auf den Berufsalltag vorbereitet.

Rückblickend habe ich viele meiner beruflichen Chancen durch praktische Erfahrungen erhalten. Zwei unbezahlte Praktika ermöglichten mir den Einstieg in ein duales Studium mit Siemens, das mir vier Jahre Berufserfahrung anrechnete und mir den frühzeitigen Zugang zu einem USA-Masterprogramm eröffnete. Später sammelte ich weitere Erfahrung durch Praktika und eine Tutorenstelle, die letztendlich den Weg in meine heutige Position ebneten.

Wie sieht es mit den Karrieremöglichkeiten aus?
Nach einem Maschinenbaustudium stehen unzählige Karrierewege offen. Doch wie findet man den richtigen für sich? Genau dafür sind Praktika und Werkstudentenstellen da! Es gibt kaum etwas Frustrierenderes, als eines der anspruchsvollsten Studienfächer – Maschinenbau – zu absolvieren und anschließend in einem Job zu landen, der nicht zu einem passt. Probiert deshalb frühzeitig verschiedene Industrien und Tätigkeiten aus. Am besten, bevor ihr euch im Studium auf Produktionstechnik, Konstruktion oder erneuerbare Energien spezialisiert – so habt ihr eine klare Richtung.

Ein vielfältiger Lebenslauf mit Erfahrungen in unterschiedlichen Bereichen ist dabei nichts Schlechtes – solange man auch zeigen kann, dass man sich auf etwas einlassen und Dinge zu Ende bringen kann. Mein eigener Weg war keineswegs linear: Erst Vertrieb, dann Fertigungstechnik, Produktionstechnik, Automatisierungstechnik, Lehre – und nun IT. Who would have thought? Jede Station hat mir wertvolle Fähigkeiten vermittelt, die mich letztendlich hierhergebracht haben.

Welche Tipps können Sie Absolventen oder angehenden Studenten geben?

Praktische Erfahrung hilft nicht nur bei der eigenen Orientierung, sondern auch in Bewerbungsgesprächen. Wer bereits ein Praktikum oder Projekt in einem relevanten Bereich absolviert hat, kann sein Interesse und seine Eignung für eine Stelle viel überzeugender darlegen.

Mein Rat an Studierende und Berufseinsteiger: Sammelt praktische Erfahrung in eurer Branche, wo immer es möglich ist – auch wenn es anfangs unbezahlt sein sollte. Ob durch Praktika, Werkstudententätigkeiten, Laborprojekte oder ehrenamtliche Arbeit – jede Erfahrung trägt zu eurer beruflichen Entwicklung bei. Wenn ihr ins Ausland möchtet, sammelt frühzeitig praktische Erfahrung dort und lernt die Sprache eures Wunschlandes. Beides kann euch den Einstieg in den internationalen Arbeitsmarkt erheblich erleichtern.

Bewerbt euch breit, bleibt offen für neue Möglichkeiten und lasst euch nicht von Absagen entmutigen. Der Berufseinstieg ist ein Prozess, der Eigeninitiative, Durchhaltevermögen und den Mut erfordert, Chancen zu ergreifen. Ihr schafft das!

Ich wünsche allen viel Erfolg auf ihrem Weg!

FUCHS LUBRICANTS GERMANY GmbH

Friesenheimer Str. 19
68169 Mannheim
Telefon: + 49 621 3701-0
Web: https://www.fuchs.com/de/de/
LinkedIn: https://www.linkedin.com/company/fuchs-germany

LUBRICANTS. TECHNOLOGY. PEOPLE. FUCHS

FUCHS LUBRICANTS GERMANY GmbH stellt sich vor

FUCHS LUBRICANTS GERMANY ist eine Tochtergesellschaft der FUCHS SE, des weltweit größten unabhängige Anbieters von Schmierstofflösungen. Rund 1.400 Spezialist*innen am Hauptsitz in Mannheim und den Standorten Kaiserslautern, Wedel und Kiel arbeiten engagiert an innovativen Schmierstofflösungen, die die Mobilität von morgen ermöglichen.

Die hohe technische Beratungskompetenz verknüpft mit dem größten, flächendeckenden Netzwerk an eigenen technischen Ansprechpartnern macht FUCHS LUBRICANTS GERMANY zum verlässlichen Partner vor Ort. FUCHS Schmierstofflösungen reduzieren den Verschleiß und Energiebedarf, verlängern die Laufzeiten und die Lebensdauer von Maschinen und halten so die Welt in Bewegung – vom Industriemotor und E-Auto über Windräder bis zur Waschmaschine.

Leistungsspektrum/Themenschwerpunkte

FUCHS LUBRICANTS GERMANY entwickelt und vertreibt Schmierstofflösungen für nahezu alle denkbaren Anwendungen. Ein umfassendes Produktprogramm, ergänzt um digitale Angebote und Smart Services, sowie eine langjährige Schmierstoff-Expertise und eine hohe Forschungskompetenz sind die Grundlagen für die intelligenten FUCHS-Schmierstofflösungen. Das Portfolio umfasst rund 3.000 Schmierstoffprodukten für den Automobil- und Industriesektor sowie für Spezialanwendungen. Der Fokus liegt auf Innovation und Nachhaltigkeit. Als Teil der globalen FUCHS-Gruppe koordiniert das hochmoderne Technologiezentrum am Hauptsitz in Mannheim das internationale FUCHS-Expertennetzwerk, bündelt die konzernweite Expertise und unterstützt den Wissenstransfer. Ein besonderes Augenmerk liegt auf umweltfreundlichen Produkten und der Reduktion des CO_2-Fußabdrucks.

Referenzen

FUCHS LUBRICANTS GERMANY ist ein führendes Unternehmen in der Schmierstoffindustrie, was sich in zahlreichen Projekten und Kooperationen mit namhaften Unternehmen widerspiegelt. Hierzu gehört die Technologiepartnerschaft mit der DMG MORI AG, des weltweit größten Werkzeugmaschinenbauers, in der seit 2017 spezielle Schmierstoffe entwickelt werden, die auf die Anforderungen von DMG MORI-Werkzeugmaschinen abgestimmt sind. Des Weiteren rückt bei FUCHS LUBRICANTS GERMANY die Entwicklung effizienter Schmierstoffe für die E-Mobilität stärker ins Blickfeld. In Zusammenarbeit mit dem Start-up E-Lyte werden fortschrittliche Elektrolytlösungen für Hochleistungsbatterien entwickelt, sodass jeden Bedarf entlang des Lebenszyklus einer Batterie abgedeckt werden kann. Von der Produktion über Schnellladen bis hin zur Wartung.

Karrieremöglichkeiten im Unternehmen

FUCHS LUBRICANTS GERMANY bietet Maschinenbau-Studierenden und Absolventen zahlreiche Möglichkeiten für den Einstieg: Praktika, Abschlussarbeiten und Werkstudententätigkeiten bieten Einblicke in die Praxis. Ein Duales Studium eröffnet zudem die Chance, von Beginn an aktiv an Forschungs- und Entwicklungsprojekten mitzuwirken. Durch interne Schulungen, Weiterbildungen und internationale Karrieremöglichkeiten können Mitarbeitende ihr Potenzial voll ausschöpfen.

Jetzt durchstarten!

Wer technische Innovationen vorantreiben und in einem global agierenden Unternehmen mitwirken möchte, findet bei FUCHS LUBRICANTS GERMANY spannende Herausforderungen und beste Zukunftsperspektiven.

Quaker Houghton Sales B. V.

Deutsche Zweigniederlassung
Giselherstraße 57
44319 Dortmund
Deutschland
Melden Sie sich an, um unsere Job Alerts zu erhalten: https://careers.quaker-houghton.com/candidate/jobAlerts.asp
https://home.quakerhoughton.com/
https://www.linkedin.com/company/quakerhoughton

Quaker Houghton Sales B. V. stellt sich vor

Als Weltmarktführer industrieller Prozessflüssigkeiten arbeiten wir kontinuierlich an Verbesserungen und Innovationen, damit unsere Kunden in einer sich wandelnden Welt immer einen Schritt voraus sind.

Wenn es aus Metall besteht, gewalzt, zerspant, umgeformt oder gegossen wird, ist Quaker Houghton da, um Prozesse zu optimieren, Kosten zu senken, Sicherheit und Nachhaltigkeit zu fördern ... und Fortschritt voranzutreiben.

Wir nehmen die Herausforderungen unserer Kunden als unsere eigenen an und bringen die richtige Kombination aus Wissenschaft, Technik und Geschäftssinn mit. Dadurch können unsere Kunden voller Zuversicht in die Zukunft blicken, in der Sicherheit, dass ihre Prozesse noch effizienter und noch effektiver laufen werden ... was auch immer als Nächstes kommt.

Leistungsspektrum/Themenschwerpunkte

Quaker Houghton ist der weltweit führende Anbieter von industriellen Prozessflüssigkeiten.

Mit 4.700 Mitarbeitern, darunter Chemiker, Ingenieure und Branchenexperten, arbeiten wir gemeinsam mit unseren Kunden an der Verbesserung ihrer Prozesse, damit diese noch effizienter und effektiver laufen, was auch immer als Nächstes kommt.

Schwerpunkte aktuell: nachhaltige Entwicklung: Wir unterstützen unsere Kunden bei der Bewältigung ihrer eigenen Herausforderungen im Bereich der Nachhaltigkeit und halten mit den Anforderungen einer sich verändernden Welt Schritt.

Industrien: Automobile, Luft- und -Raumfahrt, Stahl

Referenzen

BMW, Mercedez-Benz, Rolls Royce, Schäffler, Volkswagen, Bosch, Thyssen-Krupp, John Deere, Hirschvogel, Speira, Salzgitter

Lesen Sie unsere Fallstudie, um mehr darüber zu erfahren, wie wir unseren Kunden helfen:

https://home.quakerhoughton.com/case-study-quakercut-020-xp-de/

Karrieremöglichkeiten im Unternehmen

Wir bieten weltweit zahlreiche Positionen für Berufseinsteiger und Entwicklungsmöglichkeiten während Ihrer gesamten Karriere.

Wir suchen Experten für Maschinenbau, die die Prozesse unserer Kunden verstehen und sie beraten können, insbesondere um Prozesse zu optimieren und Kosten zu sparen.

Folgen Sie uns auf Linkedin, um über unsere Stellenangebote und Neuigkeiten auf dem Laufenden zu bleiben. https://www.linkedin.com/company/quakerhoughton

4 Verbände

Es gibt in Deutschland eine ganze Reihe von Fachverbänden, die sich dem Thema Maschinenbau widmen. Womit sich einige von ihnen konkret befassen, an wen sie sich richten, mit wem sie zusammenarbeiten, wessen Interessen sie vertreten, in welchen Fachgruppen oder Projekten sie arbeiten und wie sie die Zukunft der Maschinenbaubranche beurteilen, das zeigen die Porträts der nachfolgenden Verbände:

- OWL Maschinenbau e. V.
- Deutschen Ingenieurinnenbund e. V.
- Metall- und Maschinenbaunetzwerkes MEMA
- Verbands Deutscher Werkzeugmaschinenfabriken e. V.
- VSI – Verband Schmierstoff-Industrie e. V.
- Gesellschaft für Tribologie e. V.

4.1 OWL MASCHINENBAU e. V.

OWL MASCHINENBAU e. V.
Ritterstr. 19
33602 Bielefeld
https://www.owl-maschinenbau.de/

Ostwestfalen-Lippe (OWL) ist eine Region in Nordrhein-Westfalen, die für ihre florierende Industrie bekannt ist, insbesondere für den Maschinenbau. Die Region ist die Heimat vieler bekannter Unternehmen in diesem Bereich und hat eine lange Tradition in der Herstellung von Maschinen und Maschinenkomponenten.

Die Geschichte des Maschinenbaus in OWL reicht bis ins 19. Jahrhundert zurück. In dieser Zeit entwickelte sich die Region zu einem wichtigen Zentrum für die Produktion von Textilmaschinen. Das Wissen und die Fertigkeiten, die in der Herstellung von Textilmaschinen erworben wurden, bildeten die Grundlage für den späteren Erfolg der Region in anderen Bereichen des Maschinenbaus. Trotz vieler Veränderungen in Produkten und Märkten blieb der Maschinenbau ein wichtiger Wirtschaftszweig in der Region, und die Unternehmen investierten weiter in die Entwicklung neuer Technologien und Produkte. In den letzten Jahren hat sich die Industrie in Ostwestfalen-Lippe erneut erfolgreich an die sich verändernden Marktbedingungen angepasst. Viele Unternehmen haben sich auf innovative Technologien und digitale Lösungen spezialisiert, um wettbewerbsfähig zu bleiben.

Darüber hinaus hat die enge Zusammenarbeit mit Forschungseinrichtungen in der Region dazu beigetragen, dass Unternehmen in Ostwestfalen-Lippe auch weiterhin erfolgreich im globalen Markt agieren können. Die Region verfügt über eine Vielzahl von Forschungseinrichtungen, die in vielen Projekten oder Netzwerken wie it's OWL (Intelligente Technische Systeme OstWestfalenLippe) mit der Industrie zusammenarbeiten, darunter das Fraunhofer-Institut IEM, das Fraunhofer IOSB-INA oder das Centrum Industrial IT (CIIT) in Lemgo.

Zu den bekanntesten Unternehmen in der Region gehören beispielsweise Claas, Miele, DMG-Mori sowie die Hersteller von Verbindungs- und Automatisierungstechnik Beckhoff, Harting, Phoenix-Contact, WAGO Kontakttechnik und Weidmüller. Darüber hinaus gibt es viele mittelständische, oft familiengeführte Unternehmen in der Region, die in verschiedenen Bereichen des Maschinenbaus sehr erfolgreich tätig sind.

Insgesamt ist der Maschinenbau in Ostwestfalen-Lippe ein wichtiger Wirtschaftszweig, der viele Arbeitsplätze und Wohlstand schafft. Die Region ist bekannt für ihre hohe Kompetenz und Innovationskraft und wird auch in Zukunft eine wichtige Rolle im Maschinenbau spielen. Ein Erfolgsgeheimnis der Region ist insbesondere die enge Vernetzung der Unternehmen untereinander. Im Jahr 2003 gründeten zum Beispiel 13 Unternehmen den Verein OWL Maschinenbau. Von Anbeginn war das Ziel des Vereins, durch die Zusammenarbeit von Unternehmen, Forschungseinrichtungen und anderen Organisationen den Maschinenbau in der Region zu stärken. Inzwischen sind rund 230 Mitglieder und Partner im Netzwerk zusammengeschlossen: kleine Hidden Champions, große Weltmarktführer, aber auch die Wissenschafts- und Forschungseinrichtungen der Region.

Erfolge wie die Gründung des Fraunhofer IEM in Paderborn, der Gewinn des Spitzenclusterwettbewerbs der Bundesregierung 2012 durch it's OWL oder die Etablierung der „FMB – Fachmesse für Maschinenbau" als Maschinenbaumesse in der Region gehen so auch auf die Zusammenarbeit der Unternehmen unter Initiative von owl maschinenbau zurück.

Der wichtigste Schwerpunkt des Vereins war von Anfang an die Vernetzung von Unternehmen und Experten aus dem Maschinenbau in der Region. Durch den Austausch von Wissen und Erfahrungen im vorwettbewerblichen Bereich können Fachleute voneinander lernen und gemeinsam an neuen Ideen und Innovationen arbeiten. Eine Vernetzung von Praktikern aus verschiedenen Bereichen wie Ingenieurwesen, Informatik und Management kann durch interdisziplinäre Ansätze dazu beitragen, komplexe Probleme zu lösen und innovative Lösungen zu entwickeln. Der Austausch von bewährten Verfahren und Methoden zwischen Fachleuten trägt weiterhin dazu bei, die Qualität von Produkten und Prozessen zu verbessern und somit auch die Effizienz und Rentabilität von Unternehmen zu steigern.

In Fachgruppen, Erfahrungsaustauschkreisen oder Projekten werden Themen, die von den Mitgliedern aufgerufen werden, gemeinsam diskutiert und bearbeitet. Digitalisierung, Künstliche Intelligenz (KI) und Nachhaltigkeit/Kreislaufwirtschaft sind aktuell die Bereiche, die in den verschiedenen Formaten im Fokus stehen. Das Thema Fachkräftesicherung ist darüber hinaus schon seit der Gründung des Vereins durch Austausch, Projektarbeit und Mentoringprogramme eine zentrale Säule von owl maschinenbau.

Durch den Fokus auf zukunftsweisende Trends als auch durch die Offenheit für Themen der Mitgliedsunternehmen leistet owl maschinenbau so insgesamt einen wichtigen Beitrag zur Förderung und Weiterentwicklung des Maschinenbaus in der Region Ostwestfalen-Lippe.

Nutzen auch Sie die Chancen, die Ihnen die Branche und die Region bietet!

4.2 Der deutsche ingenieurinnenbund e. V. - seit 1986 im Einsatz für Frauen in MINT-Berufen

dib e. v.
Postfach 110 305
64218 Darmstadt
https://www.dibev.de/

Die Herausforderungen unsere Zeit – ein breites Themenspektrum von Klimawandel bis Digitalisierung – verändern die Anforderungen an uns Ingenieur*innen. Dabei ist der Fachbereich Maschinenbau mit seinen vielseitigen Ausrichtungen und Spezialisierungsmöglichkeiten wichtig, um die nötigen Veränderungen voranzutreiben.

Wie können Maschinen gestaltet werden, damit sie möglichst wenig Energie verbrauchen? Wie kann ein komplettes Werk so vernetzt werden, damit möglichst ressourcenschonend gearbeitet wird? Welche Materialien können verwendet werden, die möglichst energiesparend in der Herstellung sind und leicht repariert werden können? Welche Aufgaben an einer Fertigungsanlage können eventuell von einem Roboter übernommen werden, z. B. das Heben schwerer Lasten oder monotone Arbeiten? Wie kann eine KI die Arbeit an der Fertigungsanlage oder auch im Büro unterstützen?

Diesen Fragen müssen wir uns alle gemeinsam stellen und Lösungen entwickeln, die allen zugutekommen. Ein gutes Netzwerk oder ein Verein können helfen, mit anderen in Kontakt zu treten, die an ähnlichen Problemen arbeiten. Der Austausch untereinander, zum einen mit fachfremden Ingenieurinnen und Ingenieuren, zum anderen mit Menschen aus unterschiedlichen gesellschaftlichen Gruppen, hilft oft, einen anderen Blick auf das eigene Problem zu bekommen und somit der Lösung ein Stück näher zu kommen. Auch interdisziplinäre Lösungsansätze können so einfacher entwickelt und umgesetzt werden.

Der deutsche ingenieurinnenbund (dib) e. V., gegründet im Jahr 1986, ist ein Verein, der sich für die beruflichen Interessen von Frauen in den Ingenieurwissenschaften und für die Gleichberechtigung und Chancengleichheit von Frauen und Männern in diesem Bereich einsetzt. Konkret bedeutet dies, dass der dib sich für die Erhöhung des Anteils von Frauen in den Ingenieurberufen einsetzt und dazu beiträgt, dass Frauen in diesem Bereich bessere Karrierechancen haben und von den gleichen Weiterbildungs- und Qualifizierungsmaßnahmen profitieren können wie Männer.

Interessenvertretung

Eine wichtige Funktion des dib ist es, aktiv an politischen und gesellschaftlichen Diskussionen mitzuwirken. Hierzu verabschiedet der dib regelmäßig Resolutionen zu verschiedenen Themen, die für Ingenieurinnen relevant sind.

Die Resolutionen des dib setzen sich unter anderem für eine bessere Vereinbarkeit von Familie und Beruf ein, fordern eine gleichberechtigte Teilhabe von Frauen in Führungspositionen und engagieren sich für eine Stärkung des Bildungsangebots in den Ingenieurwissenschaften. Dabei passen sich auch die Schwerpunkte der Resolutionen an die aktuellen gesellschaftlichen Entwicklungen an. Ab den 2010er-Jahren hat sich der dib verstärkt auf digitale Themen konzentriert und z. B. Resolutionen zu den Themen KI, Hass gegen Frauen im Netz und digitale Medienkompetenz verfasst. Die Resolutionen des dib sind ein wichtiges Instrument, um politischen Entscheidungsträgern die Anliegen und Forderungen von Ingenieurinnen zu verdeutlichen.

Darüber hinaus beteiligt sich der dib an verschiedenen politischen Gremien und Arbeitskreisen und nimmt an Diskussionen und Entscheidungsprozessen teil. Hierzu zählen beispielsweise die Mitarbeit in der Antragskommission des Deutschen Frauenrats und das Mitwirken auf Landesebene in den jeweiligen Landesfrauenräten. So trägt der dib dazu bei, dass die Interessen von Frauen in den Ingenieurwissenschaften besser vertreten werden, dass sich die Rahmenbedingungen für Ingenieurinnen verbessern und politische Entscheidungen gezielt im Sinne von Frauen beeinflusst werden.

Vereinsleben

Ein weiterer wichtiger Aspekt des Vereins ist es, Frauen in den Ingenieurwissenschaften zu vernetzen und den Austausch zwischen Ingenieurinnen zu fördern. Durch den gegenseitigen Erfahrungsaustausch sollen die Frauen ermutigt werden, sich auch auf Führungspositionen in den Ingenieurwissenschaften zu bewerben.

Eine wichtige Veranstaltung des dib ist die jährliche Tagung, die jedes Jahr im November an einem anderen Ort in Deutschland stattfindet. Hier treffen sich Ingenieurinnen, um sich über aktuelle Entwicklungen und Trends auszutauschen, aber auch um Kontakte zu knüpfen und sich zu vernetzen. Die Tagung wird von einer der Regionalgruppen organisiert und steht in jedem Jahr unter einem anderen Thema. Dabei ist die Tagungsgruppe frei in ihrer Themenwahl, im Fokus steht jedoch immer, wie Ingenieure und Ingenieurinnen die aktuellen Herausforderungen bewältigen und Lösungen mitgestalten können.

Neben der jährlichen Tagung gibt es im dib auch verschiedene Arbeitsgruppen (AGs), die sich mit spezifischen Themenbereichen befassen. Die AGs bieten den Mitgliedern des dib die Möglichkeit, sich mit ihren Erfahrungen und Ideen aktiv in die Arbeit des Vereins einzubringen. So gibt es auch hier immer wieder Veränderungen und Anpassungen. Es bilden sich immer wieder neue AGs zu aktuellen Themen, die die Gesellschaft und uns als Ingenieurinnen bewegen. Dabei entstehen aus der Arbeit der AGs immer wieder Resolutionen und Positionspapiere, die auf der Mitgliederversammlung diskutiert und verabschiedet werden.

Neben den Arbeitsgruppen bilden die verschiedenen Regionalgruppen (RGs), die in verschiedenen Regionen Deutschlands aktiv sind, das Herz des dib. Diese Gruppen bieten den Mitgliedern die Möglichkeit, auch auf lokaler Ebene von den Aktivitäten und Angeboten des Vereins zu profitieren. Die Regionalgruppen organisieren regelmäßig Veranstaltungen, wie zum Beispiel Vorträge, Workshops oder Exkursionen. Hierbei geht es oft um technische Themen, aber auch um Fragen wie Vereinbarkeit von Familie und Beruf oder Karrieremöglichkeiten.

Insgesamt ist der dib ein wichtiger Akteur in der deutschen Ingenieurwelt und leistet einen wichtigen Beitrag zur Förderung von Frauen in den Ingenieurwissenschaften. Durch seine Aktivitäten und Angebote bietet der dib seinen Mitgliedern eine breite Palette an Möglichkeiten, um sich zu vernetzen, weiterzubilden und für die eigenen Interessen einzutreten.

4.3 Metall- und Maschinenbaunetzwerk MEMA

MEMA
Metall- und Maschinenbaunetzwerk

Emsland GmbH – MEMA-Netzwerk
Ordeniederung 1
49716 Meppen
https://mema-netzwerk.de/

Wer wir sind

Das Metall- und Maschinenbaunetzwerk, kurz MEMA-Netzwerk, wurde im Jahr 2004 auf Initiative des Landkreises Emsland unter dem Dach der Emsland GmbH gegründet. Das Ziel war es, die Metall- und Maschinenbauer aus der Region stärker miteinander zu vernetzen, also Erfahrungen auszutauschen, Partner für Kooperationen zu gewinnen, Synergien zu suchen, zu finden und zu nutzen, Ideen zu besprechen, Neues kennenzulernen und zukunftsträchtige Projekte anzuschieben. Durch die Summe dieser Aktivitäten soll nicht nur der eigene Betrieb gestärkt werden, sondern auch die gesamte Region.

Die Vernetzung ist inzwischen hervorragend gelungen. Zu den Netzwerkpartnern gehören neben den klassischen Metall- und Maschinenbauern auch Fahrzeugbauer, Schiffsbauer, Hersteller von Windkraftanlagen, Produzenten landwirtschaftlicher Maschinen und Geräte sowie deren Zuliefererbetriebe, Dienstleister, Berufsverbände, Hochschulen und Berufsschulen. Mit mehr als 900 Netzwerkpartnern ist das MEMA-Netzwerk auch regional über das Emsland hinausgewachsen. Seit der Ausweisung des MEMA-Netzwerkes als Kompetenznetzwerk in der Ems-Achse umfasst das MEMA-Gebiet neben dem Emsland seit 2007 auch die Region Ostfriesland und die Grafschaft Bentheim.

Die Vernetzung gelingt durch vielfältige Angebote von Vortragsveranstaltungen über Betriebsbesichtigungen bis hin zu Messebesuchen. Die Themen zu den Veranstaltungen kommen überwiegend aus der Unternehmerschaft selber, werden vom Netzwerkmanagement aufgegriffen, und es werden entsprechende Veranstaltungen organisiert. Aufgrund der Vielzahl der Interessen haben sich im Laufe der Jahre eigene Vortragsreihen etabliert, z. B. die Reihe „CHEFSACHE“, der Qualitätsmanagement-Zirkel, die Reihe „NetzwerkING.“ und diverse Arbeitskreise.

Innerhalb des Netzwerkes hat sich die Sicherung von Fachkräften zu einem zentralen Thema entwickelt. Das MEMA-Netzwerk bietet hier Unterstützung durch die Teilnahme an Ausbildungsmessen und Jobbörsen, durch eigene Ausbildungsbeilagen in der regionalen Presse, durch die Veröffentlichung von Stellengesuchen im Newsletter und auf der Webseite. Besonders hervorzuheben ist die von 2017 bis 2019 bestehende enge Zusammenarbeit mit dem BTZ des Handwerks in Lingen im Projekt MEMA Fachkraft plus (https://www.mema-fachkraft.de/). Die innerhalb des Projektes erarbeitete Online-Plattform mit dem Werkzeug- und Qualifizierungskatalog wirkt insofern nachhaltig weiter, da sie über das Projektende hinaus gepflegt wird und so auch über den Kreis der Netzwerkunternehmen hinaus nutzbar bleibt.

Des Weiteren bietet die Wachstumsregion Ems-Achse e. V. mit ihren diversen Netzwerken und Kompetenzzentren in den Bereichen Energie, Logistik, Kunststoff, Automotive, IT, Maritime Verbundwirtschaft und Tourismus eine weitere große Plattform zur Zusammenarbeit für das MEMA-Netzwerk, die sich beispielhaft an der gemeinsamen Organisation großer Veranstaltungen wie dem Forum Produktion und IT zeigt.

Auch über die Grenzen des eigentlichen Netzwerkgebietes hinaus gibt es wertvolle Kooperationen. Bereits seit 2005 werden gemeinsam mit der niederländischen „Koninklijken Metaalunie", einem Zusammenschluss niederländischer Unternehmen aus dem Metall- und Maschinenbau, Unternehmertage zum gegenseitigen Kennenlernen und zum Austausch organisiert. Begleitet werden diese Veranstaltungen, die im jährlichen Wechsel in den Niederlanden bzw. in Deutschland stattfinden, von Betriebsbesichtigungen, was den Austausch von Know-how in der Grenzregion fördert.

Aus der Region.
Für die Region!

MEMA
Metall- und Maschinenbaunetzwerk

Das starke Metall- und Maschinenbaunetzwerk im Nordwesten!

Das MEMA-Netzwerk hat sich somit von einem ursprünglich auf das Emsland begrenzten Angebot sehr schnell zu einem großen Partner in der Region entwickelt und trägt zu Recht den Beinamen „Das starke Netzwerk im Nordwesten". Es arbeitet im Sinne seines Leitgedankens „Aus der Region – Für die Region!".

Ausgewählte Netzwerkleistungen:

- Vorträge zu aktuellen Themen und persönliches Netzwerken
- Regionale Vermittlung von Über- und Unterkapazitäten
- Vernetzung und Entwicklung des regionalen Know-hows
- Organisation gemeinsamer Messeauftritte
- Unterstützung von arbeitssuchenden Fachkräften im Sinne der Netzwerkpartner

- Zusammenarbeit in regionalen Projekten (z. B. „MEMA Fachkraft plus" mit BTZ des Handwerks)
- Organisation konkreter Arbeitskreise (z. B. Qualitätsmanagementzirkel oder Arbeitskreise für den „Ausbildungsberuf – Verfahrenmechaniker für Beschichtungstechnik" sowie Arbeitssicherheit)
- Versand eines wöchentlichen E-Mail-Newsletters an alle Netzwerkpartner
- und vieles mehr

„Beziehungen schaden nur dem, der keine hat!"

Diesem viel zitierten Leitsatz des Gründungsinitiators und Landrates a. D. des Landkreises Emsland, Herman Bröring, folgend, stellt das MEMA-Netzwerk eine in dieser Form und Größe in Norddeutschland einzigartige Plattform für Unternehmer und Unternehmensvertreter zur Verfügung. Die MEMA-Netzwerkstruktur steht allen regionalen Betrieben aus der Wertschöpfungskette des Metall- und Maschinenbaus bewusst kostenlos offen.

Aktuelle Schwerpunkte des MEMA-Netzwerkes

Persönliche Kontakte schaffen:
Um alle Aktivitäten des Netzwerkes dreht sich der unbedingte Gedanke, dass es nichts Wichtigeres als den persönlichen Kontakt zwischen den beteiligten Menschen gibt. Nur im direkten Gespräch kann Vertrauen – die Grundlage jeder guten Geschäftsbeziehung – geschaffen werden. Nicht zuletzt ist die persönliche Betreuung durch einen hauptamtlichen und fachlich qualifizierten Netzwerkmanager ein wesentliches Erfolgskriterium des MEMA-Netzwerkes.

Neue Einblicke schaffen:
Den Rahmen für die persönlichen Kontakte bieten die zahlreichen Informationsveranstaltungen des Netzwerkes. Der Stoff, aus dem das Netzwerk gewebt wird, ist das gemeinsame Interesse an Vortragsthemen und Firmenbesichtigungen.

Regionale Wertschöpfungskette stärken:
Hier bekommt der Leitsatz „Aus der Region, für die Region" eine sehr konkrete Komponente. Das Leistungsspektrum der MEMA-Netzwerkpartner ist so stark, dass es fast nichts gibt, was „wir" nicht können. Über „Kapazitäts- und Empfehlungsanfragen" bringt das Netzwerkmanagement Angebot und Nachfrage konkreter Bedarfe in der Region zusammen.

Wissen vernetzen:
Wissenstransfer zum Vorteil aller Beteiligten ist der Schlüssel für Innovation und damit positive Geschäftsentwicklungen. Gemeinsam mit dem Institut für Duale Studiengänge am Campus Lingen der Hochschule Osnabrück wurde eine konkrete, unternehmensübergreifende Form der Zusammenarbeit ins Leben gerufen. Begleitend wurde eine Vortragsreihe unter dem Titel „NetzwerkING." gestartet.

Gute Betriebe brauchen gute Mitarbeiter! Wir unterstützen die Netzwerkpartner und geeignete Fachkräfte bei der Suche nacheinander. So können Fachkräfte mit nur einer Initiativbewerbung über den wöchentlichen E-Mail-Newsletter alle Netzwerkpartner erreichen. Bei Interesse der Unternehmen bringt das Netzwerkmanagement den Stellensuchenden und das Unternehmen dann zusammen. Wir machen uns dafür stark, dass unsere Netzwerkpartner die Fachkräfte finden, die sie brauchen. Die Bandbreite der Aktionen reicht von Teilnahmen an Jobmessen bis zur Gründung und Betreuung von Arbeitskreisen zu konkreten Mangelberufen. Und natürlich „last but not least" die Sonderbeilage zum Thema Ausbildung, die wir in Kooperation mit der NOZ und der ZGO jeweils zu Schulbeginn herausbringen.

Die Schwerpunkte des MEMA-Netzwerkes werden regelmäßig durch die Unternehmer des Lenkungskreises den aktuellen Bedürfnissen der Unternehmen angepasst und geleitet.

4.4 Verein Deutscher Werkzeugmaschinenfabriken (VDW)

Verein Deutscher Werkzeugmaschinenfabriken e. V. (VDW)
Lyoner Straße 18
60528 Frankfurt am Main
https://vdw.de/

Werkzeugmaschinen sind das Herz der Industrieproduktion und werden überall gebraucht

Werkzeugmaschinen für die Metallbearbeitung sind der Schlüssel für die moderne Industrieproduktion. Die Branche erwirtschaftete zuletzt einen Gesamtumsatz von über 14 Milliarden Euro.

Das mag auf den ersten Blick nicht viel erscheinen, verglichen mit dem Umsatz mancher DAX-Schwergewichte. Die Werkzeugmaschinenindustrie ist jedoch ein sogenannter Enabler für die Industrieproduktion und ist deshalb wichtiger, als die meisten Menschen denken. Alle industriell gefertigten Produkte werden direkt oder indirekt auf Werkzeugmaschinen hergestellt. Die Liste unserer wichtigen Abnehmerbranchen illustriert das eindrücklich: Automobilindustrie, Maschinenbau, Metallerzeugung und -bearbeitung, Luft- und Raumfahrt, Feinmechanik, Optik, Medizintechnik, Elektroindustrie und viele andere mehr. Die Maschinenhersteller sind zum großen Teil Mittelständler, häufig mit langer Tradition, verlässliche Arbeitgeber und verwurzelt in ihrer jeweiligen Region. Gleichzeitig sind die Firmen weltweit aktiv, denn ihr tiefgehendes Ingenieur-Know-how macht sie vielfach zu Weltmarktführern in ihrem Produktbereich.

Menschen, die gestalten und an Lösungen für vielfältige Herausforderungen in Wirtschaft und Gesellschaft mitarbeiten wollen – sei es beim Kampf gegen den Klimawandel, Nachhaltigkeit, Digitalisierung und Vernetzung, aber auch bei neuen Lösungen für die Mobilität der Zukunft, die Versorgung der Menschen mit Energie, Nahrungsmitteln und Wasser oder bei neuen medizinischen Produkten –, sind in der Werkzeugmaschinenindustrie genau richtig. Denn die Produktionstechnik ist überall dabei. Deshalb sind gut ausgebildete Mitarbeitende für die Branche (über-)lebenswichtig. Das betrifft Ingenieurinnen und Ingenieure ebenso wie gewerbliche Fachkräfte.

Tatsächlich ist der Maschinen- und Anlagenbau der größte Arbeitgeber in Deutschland für Ingenieurinnen und Ingenieure. Von den aktuell 64.500 Mitarbeitenden gehören 16 Prozent zur Ingenieurszunft, ähnlich wie im gesamten Maschinenbau. Der VDW hat vor mehr als zehn Jahren eine eigene Nachwuchsstiftung gegründet, die er heute gemeinsam mit dem VDMA führt (https://www.nachwuchsstiftung-maschinenbau.de/). Sie kümmert sich vorrangig um Nachwuchswerbung und die Qualität der Ausbildung.

Nachfolgend einige Informationen zur wirtschaftlichen Situation der Branche

Werkzeugmaschinen sind reine Investitionsgüter. Käufer sind ausschließlich Industriekunden, keine Endverbraucher. In Maschinen wird dann investiert, wenn sich der Käufer gute Geschäfte verspricht und seine Kapazitäten erweitern will, oder wenn er sie modernisieren will, um produktiver zu sein. Insofern ist die wirtschaftliche Dynamik der Werkzeugmaschinenindustrie ein wichtiger Indikator für die wirtschaftliche Entwicklung der gesamten Industrie.

Die Auswirkungen der Corona-Krise sind weitgehend überwunden. Sowohl die Produktion als auch der Auftragseingang liegen nur noch knapp unter dem Rekordergebnis von 2018. Die Pandemie hat starke Störungen der Lieferkette verursacht, die sich langsam auflösen. Aufgrund der hohen Komplexität einer Werkzeugmaschine beträgt die Durchlaufzeit vom Auftragseingang bis zur Auslieferung zwischen drei und vier Monaten. Der Auftragsbestand beträgt aktuell zwölf Monate.

Die Werkzeugmaschinenindustrie exportiert rund 70 Prozent ihrer Produktion ins Ausland. Gut die Hälfte geht in die europäischen Nachbarstaaten. Der größte Einzelmarkt ist China, gefolgt von den USA. Eigentlich alle Werkzeugmaschinenhersteller haben Niederlassungen im Ausland, zunächst für Vertrieb und Service, später auch für Produktion. Ein Job in der Werkzeugmaschinenindustrie bietet daher in jedem Fall die Möglichkeit, Auslandserfahrungen zu sammeln.

Für das laufende Jahr wird aufgrund des hohen Auftragsbestands ein weiteres Plus der deutschen Werkzeugmaschinenproduktion von 15 Prozent erwartet. Mittelfristig wird der Bedarf an Werkzeugmaschinen weiter steigen. Ursachen sind u. a. der anhaltende Trend zur Automatisierung, der Transformationsprozess in der Automobilindustrie, die Bekämpfung des Klimawandels u. v. m.

Ingenieurinnen und Ingenieure auch in der Wissenschaft gesucht

Die deutsche Werkzeugmaschinenindustrie ist aufgrund ihrer weltweiten technischen Führungsrolle sehr forschungsintensiv. Das heißt, nicht nur in den Unternehmen, sondern auch an den produktionstechnischen Forschungsinstituten deutscher Universitäten ist der technische Nachwuchs gesucht. Mit zahlreichen Initiativen werben daher Hochschulen und Verbände für ein technisches Studium. Junge Menschen wissen häufig nicht, wie vielfältig die Tätigkeiten eines Ingenieurs und einer Ingenieurin sind. Vor allem ist ihnen meist nicht bewusst, dass gerade die Ingenieurwissenschaften sie in ihren modernen Wertvorstellungen und ihren Zielen zu einem nachhaltigen Wandel unserer Gesellschaft abholen. In diesen Berufen können sie aktiv Lösungen entwickeln, mit denen wir eine intakte Umwelt auch für kommende Generationen schaffen können, ohne dabei auf Wohlstand verzichten zu müssen. Industrie und Hochschulen wollen hier verstärkt aufklären, Kontakte schaffen und sich für die praktische Anschauung öffnen.

4.5 VSI - Verband Schmierstoff-Industrie e. V.

Verband Schmierstoff-Industrie e. V.
Verband Schmierstoff-Industrie e. V.
Hermannstraße 16
20095 Hamburg
https://www.vsi-schmierstoffe.de//

Der VSI Verband Schmierstoff-Industrie e. V. ist der zentrale Ansprechpartner und Interessenvertreter für die Schmierstoffindustrie in Deutschland. Mit über 85 Mitgliedsunternehmen, bestehend aus multinationalen Ölkonzernen sowie vielen kleinen und mittelständischen Unternehmen, die 90 Prozent der deutschen Schmierstoffindustrie repräsentieren, tragen wir eine Schlüsselfunktion in der Repräsentation und im Dialog der Schmierstoffbranche – national sowie international. Auch unterstützen wir Forschungsvorhaben, um die Weiterentwicklung und Innovation von Schmierstoffen, die für den Maschinenbau von essenzieller Bedeutung sind, voranzutreiben. Unser Engagement umfasst die Förderung technischer Entwicklungen, den Austausch von Know-how und die Zusammenarbeit mit relevanten Institutionen.

Starkes Netzwerk.
Raffinierte Lösungen.

Der VSI unterstützt seine Mitglieder durch umfassende Informationen über gesetzliche Änderungen, organisiert Seminare und Kongresse und fördert den Wissensaustausch.

Bedeutung der Schmierstoffindustrie für den Maschinenbau

Die Schmierstoffindustrie leistet einen unverzichtbaren Beitrag zur Leistungsfähigkeit und Langlebigkeit von Maschinen und Anlagen. Schmierstoffe dienen dabei als essenzielle Komponenten, die nahezu alle technischen Systeme und Prozesse miteinander verbinden und deren Funktionalität sicherstellen. Fortschrittliche Schmiermittel reduzieren Reibung und Verschleiß, verhindern Korrosion und optimieren die Energieübertragung.

Besonders in der Tribologie, der Wissenschaft und Technologie von Schmierung, Reibung und Verschleiß, liegt unsere Expertise. Durch den Einsatz moderner Schmierstoffe können Maschinen effizienter und ressourcenschonender betrieben sowie Ausfallzeiten minimiert werden. Laut VSI können durch moderne Schmierstoffe jährlich bis zu 22 Millionen Tonnen CO_2-Emissionen eingespart werden – ein bedeutender Beitrag zur Erreichung der Klimaziele.

Nachhaltigkeit und Innovation

Unser Verband hat sich den Herausforderungen der Nachhaltigkeit im Namen seiner Mitglieder umfassend gestellt. Mit unserer Unterstützung konnte mit unserem europäischen Dachverband und unseren Mitgliedsunternehmen eine maßgebende speziell für die Schmierstoffindustrie notwendige „Methodik zur Berechnung des Product-Carbon-Footprint (PCF)" entwickelt werden, die vom TÜV Rheinland Energy GmbH erst kürzlich erfolgreich validiert wurde. Dadurch können wir den PCF der Schmierstoffe und Spezialitäten messen und reduzieren so präzise den CO_2-Fußabdruck der Produkte. Außerdem wirken wir bei Forschungsvorhaben mit, wobei neue, umweltfreundlichere Rohstoffe und Additive geprüft und skalierbar gemacht werden, um die ökologischen Auswirkungen der Schmierstoffe zu minimieren. Auch die Weiterentwicklung umweltfreundlicherer, biologisch abbaubarer Schmierstoffe und synthetischer Schmierstoffe sowie die Verbesserung der Energieeffizienz im Maschinen- und Anlagenbau sind wichtige Kernthemen. Wir fördern die ökologischen Aspekte in der Schmierstoffproduktion und -anwendung sowie die Implementierung von Industrie 4.0 in der Produktion und den verstärkten Einsatz von Sensorik und Datenanalyse zur Optimierung von Schmierprozessen.

Chancen und Perspektiven

Die Schmierstoffindustrie bietet vielfältige Karrierechancen. Fachkräfte können in Bereichen wie Forschung und Entwicklung, Produktion, Qualitätssicherung und Vertrieb tätig werden. Die Branche reagiert auf aktuelle Herausforderungen wie die Elektrifizierung von Fahrzeugen und die Digitalisierung durch die Entwicklung innovativer Schmierstoffe und Kühlmittel. Die Integration von Digitalisierung und Künstlicher Intelligenz in die Schmierstofftechnik eröffnet zusätzliche, spannende Perspektiven.

Die Schmierstoffindustrie ist ein dynamischer und zukunftsorientierter Sektor mit zahlreichen Möglichkeiten für Fachkräfte und Unternehmen. Wir machen es möglich, komplexe industrielle Entwicklungen effizient und sicher umzusetzen, indem wir chemische, mechanische und thermische Prozesse miteinander verbinden. Wir fördern Innovation und Nachhaltigkeit und tragen maßgeblich zur Weiterentwicklung des Maschinenbaus bei.

Für weitere Informationen besuchen Sie bitte unsere Homepage:
www.vsi-schmierstoffe.de

4.6 Gesellschaft für Tribologie e. V.

GfT Gesellschaft für Tribologie e.V.

Gesellschaft für Tribologie e. V.
Adolf-Fischer-Str. 34
52428 Jülich
https://www.gft-ev.de/de/home_de/

Tribologie - Die Wissenschaft von Reibung und Verschleiß ... und warum sie in deinem Leben eine Rolle spielt

Tribo... was? Was ist Tribologie?

Vielleicht hast du den Begriff „Tribologie“ noch nie gehört, aber die Wissenschaft dahinter begleitet dich jeden Tag. Tribologie ist das Forschungsgebiet, das sich mit Reibung, Verschleiß und Schmierung beschäftigt. Kurz gesagt: Tribologie untersucht, was passiert, wenn zwei Oberflächen aufeinandertreffen, sich gegeneinander bewegen und wie man diesen Kontakt verbessern kann. Ob du Fahrrad fährst, mit dem Handy scrollst oder die Autotür schließt – Tribologie spielt in all diesen Momenten eine Rolle.

Eng verwandt mit der Tribologie ist die Rheologie, der Fließkunde, die sich mit dem Verformungs- und Fließverhalten von Materie beschäftigt. Reibung kann nützlich oder hinderlich sein. Ein Beispiel: Wenn du gehst, sorgt die Reibung zwischen deinen Schuhsohlen und dem Boden dafür, dass du nicht ausrutschst. Zu viel Reibung, wie bei einem festgeklemmten Reißverschluss, kann aber auch stören. Tribologen arbeiten daran, diese Balance zu verstehen und zu optimieren – ob bei riesigen Windenergieanlagen oder Mikrogetrieben für Medizintechnik, Mikrorobotik oder Halbleiterfertigung.

Tribologie in deinem Alltag: Beispiele, die du kennst

1. Radfahren

Das unangenehme Quietschen kennt wohl jeder, wenn die Fahrradkette nicht richtig geölt ist? Das ist Tribologie in Aktion. Die Kettenglieder reiben aneinander und an den Zahnrädern, und ohne ausreichend Schmierung entsteht Verschleiß, der zu Geräuschen und ineffizientem Fahren führt. Durch Öl oder Fett wird die Reibung reduziert, und dein Fahrrad läuft geschmeidiger.

2. Smartphones und Touchscreens
Die meisten von uns verwenden täglich Smartphones. Aber hast du dich je gefragt, warum der Bildschirm so glatt ist und deine Finger so leicht gleiten können? Das Geheimnis liegt in einer speziellen Beschichtung, die die Reibung reduziert, sodass der Bildschirm nicht klebrig oder rau wirkt.

3. Autoreifen und Bremsen
Ohne Reibung gäbe es keine Möglichkeit, ein Auto zu steuern oder anzuhalten. Die Reifen brauchen genug Reibung mit der Straße, um Grip zu haben, aber nicht so viel, dass sie sich schnell abnutzen. Ähnlich funktioniert es bei den Bremsen. Wenn du das Bremspedal drückst, erzeugt die Reibung an den Bremsbelägen die Kraft, die das Auto verlangsamt oder stoppt.

4. Schuhe
Der Grund, warum du auf manchen Oberflächen besser laufen kannst als auf anderen, hängt mit der Reibung zwischen Schuhsohlen und Untergrund zusammen. Sportschuhe haben zum Beispiel unterschiedliche Sohlen, je nachdem, ob sie auf Rasen, Asphalt oder in der Halle verwendet werden. Tanzschuhe wiederum müssen zwischen Rutschen (wenig) und Drehen (leicht) ausgewogen sein. Tribologie hilft bei der Entwicklung der Sohlen, um die optimale Haftung und Haltbarkeit zu gewährleisten.

Warum ist Tribologie wichtig für die Zukunft?

Durch tribologische, reibungsmindernde Maßnahmen lässt sich die jährlich von der Menschheit eingesetzte Primärenergie deutlich reduzieren; damit lassen sich entsprechend große Mengen an CO_2-Emissionen vermeiden: Verschiedene Studien schätzen das Einsparpotenzial durch Vermeidung von Reibungsverlusten („avoided emissions") auf 5 und 10 Prozent des weltweiten Primärenergieverbrauchs; eine Studie sogar auf 24 Prozent. Dazu kommen weitere große Einsparpotenziale durch Verschleißminderung aufgrund tribologischer Maßnahmen, also durch längere Lebensdauer von Produkten.

Die Tribologie bietet also hochaktuelle Beiträge zu einem der gravierendsten Zukunftsprobleme der Menschheit – die dringend gebotene Reduktion der klimarelevanten CO_2-Emissionen. Sie ist allerdings eine „unsichtbare" Wissenschaft, die in vielen Bereichen unseres Lebens eine entscheidende Rolle spielt. Ob du Ingenieur, Wissenschaftler oder Mediziner werden möchtest – ein Verständnis von Reibung, Verschleiß und Schmierung wird dir helfen, Produkte und Technologien zu entwickeln, die länger halten, nachhaltiger sind und besser funktionieren. Außerdem hilft Tribologie, Energie zu sparen, da reibungsarme Maschinen weniger Energie benötigen und weniger Verschleiß bedeuten, sodass weniger Ressourcen für Reparaturen oder Ersatzteile aufgewendet werden müssen. Und damit sparen wir auch Geld. Wenn du also an Technik, Materialwissenschaften oder Umweltlösungen interessiert bist, könnte Tribologie der Schlüssel sein, um die Welt ein kleines Stück besser zu machen – und das vielleicht sogar, ohne dass du es bisher bemerkt hast.

Fazit: Die Zukunft wartet - und Tribologie ist ein Teil davon

Die Tribologie ist eine spannende, vielseitige Wissenschaft, die unser tägliches Leben beeinflusst, auch wenn wir es oft nicht bemerken. Egal, ob du Mechanik liebst, die Umwelt verbessern möchtest oder dich für innovative Technologien interessierst – Tribologie kann der Weg sein, dein Wissen in die Praxis umzusetzen und nachhaltige, innovative Lösungen zu schaffen. Also, wenn du das nächste Mal auf dein Fahrrad steigst, dein Handy benutzt oder darüber nachdenkst, was du studieren möchtest, erinnere dich: Tribologie spielt eine größere Rolle in deinem Leben, als du vielleicht gedacht hast! Mach dich schlau, lerne mehr über Tribologie – die Wissenschaft der Reibung, die in Bewegung bringt!

In welchen Studienfächern ist Tribologie wichtig?

Wenn du darüber nachdenkst, was du studieren möchtest, könnte Tribologie in verschiedenen Bereichen auftauchen, ohne dass es dir direkt auffällt. Hier nennen wir einige Studiengänge, die besonders viele tribologische Aspekte beinhalten:

1. Maschinenbau
Wenn du Interesse an Motoren, Getrieben oder Robotern hast, wirst du schnell auf Tribologie stoßen. Maschinenbauingenieure müssen verstehen, wie sich Teile bewegen und wie man Reibung und Verschleiß minimieren kann, um Maschinen langlebiger und effizienter zu machen. Vom Automobilbau bis hin zu Flugzeugen – überall dort, wo sich mechanische Teile bewegen, ist Tribologie gefragt.

2. Werkstoffwissenschaften
Wenn du wissen möchtest, warum bestimmte Materialien sich besser für bestimmte Anwendungen eignen (z. B. Stahl für Zahnräder oder Keramik für Bremsen), dann spielt Tribologie eine entscheidende Rolle. Werkstoffwissenschaftler erforschen, welche Materialien am besten für Oberflächen geeignet sind, die Reibung und Verschleiß widerstehen müssen.

3. Luft- und Raumfahrttechnik
Flugzeuge und Raketen müssen extremen Bedingungen standhalten – Hitze, Kälte, Vakuum und hohe Geschwindigkeiten. Hier geht es nicht nur um die Bewegung von Teilen, sondern auch um den Schutz vor Verschleiß durch Reibung in rauen Umgebungen. Tribologie hilft, sicherzustellen, dass diese Maschinen reibungslos funktionieren, um sowohl Sicherheit als auch Effizienz zu gewährleisten.

4. Medizintechnik
Auch im medizinischen Bereich spielt Tribologie eine immer größere Rolle, zum Beispiel bei künstlichen Gelenken wie Hüft- oder Knieprothesen, oder auch bei Zahnprothesen. Diese Prothesen müssen so entwickelt werden, dass sie reibungslos und möglichst verschleißfrei funktionieren, um eine lange Haltbarkeit zu garantieren.

5. Umwelt- und Energietechnik
Interessierst du dich für erneuerbare Energien wie Wind- oder Solarkraft? Auch hier ist Tribologie wichtig. Windräder zum Beispiel haben bewegliche Teile, die Windkraft in Energie umwandeln. Damit sie effizient arbeiten, muss der Verschleiß dieser Teile minimiert werden, um die Lebensdauer der Anlagen zu verlängern. Tribologen arbeiten daran, Materialien und Schmierstoffe zu entwickeln, die das möglich machen.

6. Elektrotechnik/Elektronik
Die bekannteste Schmierstoff-Art ist sicherlich das Motorenöl – für alle Arten von Verbrennungsmotoren. Zunehmend wird nun erkannt, dass auch Elektrofahrzeuge (EV) von tribologischen Erkenntnissen und Entwicklungen profitieren können: Was in konventionellen PKW mit Verbrennungsmotoren der Kraftstoffverbrauch bzw. die CO_2-Emissionen sind, heißt bei EVs Reichweite und Batteriekapazität: Je reibungsärmer ein Fahrzeug fährt, desto länger hält eine Batteriefüllung, desto länger kannst du damit fahren.

Die Tribologie bei Elektrofahrzeugen wollen wir uns exemplarisch etwas genauer ansehen: EVs unterscheiden sich in vielerlei Hinsicht von herkömmlichen „Verbrennern“, aber auch hier spielt Tribologie eine zentrale Rolle. Die Bedeutung der Tribologie bei Elektrofahrzeugen zeigt sich in mehreren Aspekten:

a) Reduzierter Verschleiß bei Elektromotoren

Elektromotoren haben im Vergleich zu Verbrennungsmotoren weniger bewegliche Teile, was prinzipiell zu weniger Verschleiß führt. Dennoch sind auch hier tribologische Herausforderungen präsent, besonders in den Lagerungen und Getrieben. Die Reduzierung von Reibung sorgt dafür, dass die Motoren effizienter arbeiten und weniger Energie verloren geht, was die Reichweite des Fahrzeugs erhöht.

b) Lager und Antriebswellen

Elektromotoren haben hohe Drehzahlen, und die verwendeten Lager sind extremen Belastungen ausgesetzt. Hier kommen fortschrittliche Schmierstoffe und reibungsmindernde Beschichtungen zum Einsatz, die verhindern, dass diese Bauteile schnell verschleißen. Spezielle Oberflächenbehandlungen oder Keramikbeschichtungen reduzieren den Reibungswiderstand, was die Lebensdauer der Bauteile erhöht und die Effizienz steigert.

c) Bremssysteme

Elektrofahrzeuge nutzen oft Rekuperationsbremsen, bei denen Energie durch das Bremsen zurück in die Batterie gespeist wird. Dadurch wird die Nutzung der klassischen Reibungsbremse verringert. Dennoch muss die Reibungsbremse bei höheren Geschwindigkeiten oder Notbremsungen funktionieren. Hier sind Materialien gefragt, die besonders verschleißfest, korrosions- und temperaturbeständig sind. Auch die Reibwerte zwischen Bremsbelägen und Bremsscheiben sind entscheidend, um ein präzises Bremsverhalten zu garantieren. Bei Agrar-Fahrzeugen, z. B. Traktoren, werden häufig „nasse Bremsen“ eingesetzt: Hier laufen die Bremsscheiben in einem mit speziellem Öl gefüllten Gehäuse. Vorteilhaft an nassen Bremsen ist, dass sie weitgehend wartungsfrei sind und kein Bremsabrieb in die Umwelt gelangt. Allerdings stellen derartige Systeme große Herausforderungen an das Zusammenspiel von Reibbelägen und Öl.

d) Reifen und Straßenkontakt

Elektrofahrzeuge erzeugen durch die schweren Batterien mehr Gewicht auf der Straße, was zu höheren Belastungen auf die Reifen führt. Die richtige

Mischung der Reifen und die tribologischen Eigenschaften der Laufflächen (Grip, Verschleißfestigkeit) spielen eine große Rolle. Reifen müssen genügend Reibung erzeugen, um den Kontakt mit der Straße zu gewährleisten, dürfen aber gleichzeitig nicht zu viel Reibung bieten, um den Energieverbrauch nicht unnötig zu steigern.

e) Wärmemanagement
Reibung erzeugt Hitze, und Hitze ist besonders in Elektromotoren und Batterien problematisch. Tribologen arbeiten daher daran, die Reibung in kritischen Bereichen wie Lagern oder Getrieben zu minimieren, um die Überhitzung zu vermeiden. Zudem wird an speziellen thermischen Leitmitteln geforscht, die helfen, die Wärme von tribologisch belasteten Teilen abzuleiten.

Fazit:
Ob in der Mobilität, im Maschinenbau oder in der Energietechnik – Tribologie ist überall dort unverzichtbar, wo es um Bewegung und den Kontakt zwischen Oberflächen geht. Elektrofahrzeuge sind ein gutes Beispiel dafür, wie tribologische Prinzipien die Effizienz, Haltbarkeit und Nachhaltigkeit neuer Technologien maßgeblich beeinflussen. Wenn du dich für Physik, Chemie, Maschinenbau oder Mathematik interessierst, kannst du mit tribologischem Wissen dazu beitragen, moderne Probleme in der Technik und Mobilität zu lösen. In diesem Text wurden bisher vor allem ingenieurstechnische Aspekte der Tribologie genannt – aber wie so oft basieren diese anwendungsorientierten Fächer auf naturwissenschaftlichen Grundlagen.

Welche Naturwissenschaften sind wichtig für Tribologie?

Tribologie ist ein interdisziplinäres Feld, das auf das Zusammenspiel vieler verschiedener Wissenschaften angewiesen ist. Neben dem Maschinenbau sind vor allem folgende Naturwissenschaften von Bedeutung:

1. Physik (insbesondere Oberflächenphysik)
Die Physik hilft uns, die Wechselwirkungen zwischen Oberflächen auf atomarer Ebene zu verstehen. Die Oberflächenphysik beschäftigt sich mit den Kräften, die wirken, wenn zwei Materialien in Kontakt kommen. Faktoren wie Adhäsion (Haftung), Mikrostruktur und die Reibungseigen-

schaften von Oberflächen sind zentrale Forschungsbereiche, die Tribologen helfen, die Mechanismen von Verschleiß und Reibung besser zu verstehen.

2. Chemie (Schmierstoffe und Materialchemie)
Schmierstoffe sind ein zentraler Bestandteil der Tribologie. Sie verhindern, dass Oberflächen direkt aufeinander reiben, indem sie eine dünne Schicht zwischen den Materialien bilden. In der Tribochemie werden die molekularen Strukturen und Reaktionen von Schmierstoffen erforscht, um neue, effektivere und umweltverträglichere Schmierstoffe zu entwickeln. Auch die Materialchemie spielt eine wichtige Rolle, wenn es um die Entwicklung von Oberflächenbeschichtungen geht, die den Verschleiß reduzieren.

3. Mathematik und Informatik (Simulation, Modellierung, Statistik)
Die komplexen Bewegungsabläufe und Oberflächeninteraktionen in der Tribologie lassen sich nicht immer einfach im Labor testen. Deshalb nutzt man in der Tribologie häufig mathematische Modelle und Simulationen, um die Verhaltensweisen von Reibung und Verschleiß vorherzusagen. Hier kommen moderne Techniken wie die Finite-Elemente-Methode (FEM) zum Einsatz, um tribologische Prozesse genau zu simulieren. Mathematik hilft dabei, optimale Lösungen zu finden, bevor Prototypen gebaut werden.

Hochschulen mit Tribologie-nahen Lehrstühlen

In Deutschland gibt es mehrere Hochschulen, spezialisierte Lehrstühle und Forschungseinrichtungen, die sich intensiv mit Tribologie beschäftigen, sei es als eigenständiges Forschungsgebiet oder als Teil anderer ingenieurwissenschaftlicher Studiengänge. Tribologie ist oft nicht als eigenes Studienfach vorhanden, aber sie wird in verschiedenen Disziplinen wie Maschinenbau, Materialwissenschaften und Werkstofftechnik intensiv behandelt. Hier folgt eine Aufstellung einiger Hochschulen, die in diesem Bereich besonders hervorstechen (alphabetisch nach Ort).

Rheinisch-Westfälische Technische Hochschule (RWTH) Aachen
Die RWTH Aachen ist eine der führenden technischen Universitäten Deutschlands und bietet zahlreiche tribologische Forschungsaktivitäten im Rahmen des Maschinenbaus und der Werkstofftechnik. Am Institut für Maschinenelemente und Systementwicklung (MSE) wird intensiv an tribologischen Themen geforscht, insbesondere im Bereich Schmierung und Verschleißschutz.

Das Werkzeugmaschinenlabor (WZL) widmet sich der modernen Produktionstechnik durch praxisnahe Forschung; diese umfasst vielfältige tribologische Aufgabenstellungen, z. B. in der spanenden und umformenden Metallbearbeitung.

Das Institut für fluidtechnische Antriebe und Systeme (IFAS) beschäftigt sich in Forschung und Lehre mit der Fluidtechnik, also mit den Anwendungsbereichen der Hydraulik und der Pneumatik. Es ist auch Sitz der bundesweiten Arbeitsgemeinschaft Sustainable Lubricants Committee (SLC).

Das Institut für Oberflächentechnik im Maschinenbau (IOT) umfasst in grundlagenorientierter und industrienaher Forschung in den Bereichen Physikalische Gasphasenabscheidung PVD, Thermisches Spritzen und Löten wichtige Aspekte von tribologischen Beschichtungen.

Technische Universität (TU) Berlin

Die TU Berlin bietet Vertiefungsmöglichkeiten in Tribologie im Rahmen des Maschinenbaustudiums an. Insbesondere im Bereich der Maschinenelemente und Konstruktion werden tribologische Inhalte vermittelt. Das Institut für Maschinenkonstruktion und Systemtechnik forscht an Verschleißschutz und Schmierstoffoptimierung.

Ruhr-Universität Bochum (RUB)

Die RUB hat eine starke Tradition in der Tribologieforschung, insbesondere am Lehrstuhl für Werkstofftechnik. Die RUB betreibt das Tribologielabor als Teil des Lehrstuhls für Werkstofftechnik, das sich mit der Untersuchung von Reibungs- und Verschleißprozessen befasst. Hier werden Tribologieprojekte mit Fokus auf Oberflächenmodifikation, Schmierstoffe und Nanotechnologie durchgeführt.

Technische Universität (TU) Chemnitz

An der TU Chemnitz wird Tribologie insbesondere im Maschinenbau, Mikrosystemtechnik und Fahrzeugtechnik behandelt. Der Lehrstuhl für Verbundwerkstoffe forscht an tribologischen Anwendungen in der Oberflächen- und Werkstofftechnologie, speziell im Zusammenhang mit Reibung und Verschleißschutz. Chemnitz ist auch bekannt für seine Forschung zur Optimierung von Tribosystemen in der Automobilindustrie und im Bereich der Hochleistungspolymerwerkstoffe.

Technische Universität (TU) Clausthal
Die TU Clausthal ist bekannt für ihre starke Ausrichtung auf Ingenieurwissenschaften und insbesondere die Rohstofftechnologien. Im Bereich der Tribologie ist das Institut für Tribologie und Energiewandlungsmaschinen (ITR) führend. Besonders im Maschinenbau, aber auch in den Bereichen Werkstofftechnik und Energietechnik, werden tribologische Fragestellungen untersucht, oft mit Blick auf Verschleißschutz und Schmierstoffe für industrielle Anwendungen.

Technische Universität (TU) Darmstadt
Die TU Darmstadt bietet im Rahmen des Maschinenbaustudiums und der Werkstoffwissenschaften zahlreiche Module an, die tribologische Themen behandeln. Insbesondere in den Bereichen Werkstoffmechanik, Nanotechnologie und Konstruktionslehre spielen tribologische Phänomene eine große Rolle. Das Institut für Produktionstechnik und Umformmaschinen (PtU) hat auch Forschungsgruppen, die sich explizit mit tribologischen Fragestellungen befassen.

Technische Universität (TU) Dresden
Die TU Dresden ist eine der führenden technischen Hochschulen in Deutschland und bietet im Bereich des Maschinenbaus und der Werkstoffwissenschaften tribologische Inhalte an. Das Institut für Fertigungstechnik und das Institut für Werkstoffwissenschaft forschen an tribologischen Fragestellungen, insbesondere an reibungsarmen Oberflächen und verschleißfesten Materialien. Die Tribologie spielt in der Fahrzeugtechnik eine wichtige Rolle, etwa in Bezug auf die Entwicklung von Antriebssträngen.

Hochschule für Angewandte Wissenschaften (HAW) Hamburg
Das Tribology Research Center (TREC) beschäftigt sich beispielsweise mit der Beschreibung des Verhaltens tribologisch beanspruchter Systeme, sowie der experimentellen Untersuchung fettgeschmierter Reibpaarungen hinsichtlich des Reibungs- und Verschleißverhaltens. Tribologische Themen werden auch in der Werkstoffwissenschaft behandelt, mit einem Fokus auf Reibung und Verschleiß in Nanostrukturen.

Leibniz Universität Hannover (LUH)
Institut für Maschinenkonstruktion und Tribologie (IMKT): Dieses Institut ist bekannt für seine Forschung im Bereich der Tribologie. Hier gibt es das Kompetenzzentrum Tribologie, das sich auf tribologische Fragestellungen konzentriert. Es ist eng mit der Fakultät für Maschinenbau verbunden.

Tribologische Themen sind Teil des Studiengangs Maschinenbau, aber auch im Rahmen von Forschungsvorhaben oder als Vertiefungsrichtung im Master zu finden.

Technische Universität (TU) Ilmenau
An der TU Ilmenau wird Tribologie sowohl in den Studiengängen Maschinenbau als auch Mechatronik und Werkstoffwissenschaften behandelt. Das Institut für Maschinen- und Fahrzeugtechnik betreibt tribologische Forschung, insbesondere im Bereich Reibung und Verschleiß in mechanischen Systemen.

Technische Hochschule (TH) Ingolstadt
Besonders im Bereich der Automobiltechnik und Fahrzeugentwicklung hat die TH Ingolstadt Module und Forschungsvorhaben, die tribologische Aspekte umfassen, z. B. in Bezug auf Elektromobilität und Antriebsstrangtechnik.

Rheinland-Pfälzische Technische Universität (RPTU) Kaiserslautern-Landau
Im Fachbereich Maschinenbau und Verfahrenstechnik wird eine Vielzahl von Studiengängen angeboten. Besonders intensiver Bezug zur Tribologie besteht beim Lehrstuhl für Maschinenelemente, Getriebe und Tribologie (MEGT), der auch eine Querschnittsgruppe 'Tribologie' umfasst.

Karlsruher Institut für Technologie (KIT)
Das KIT bietet im Bereich Maschinenbau und Materialwissenschaften diverse Möglichkeiten, sich auf Tribologie zu spezialisieren. Besonders stark ist die Forschung am Institut für Angewandte Materialien (IAM), wo man sich unter anderem mit tribologischen Beschichtungen und Schmierstoffen beschäftigt. Insbesondere das Institut für Produktentwicklung (IPEK) ist in der tribologischen Grundlagenforschung aktiv.

Otto-von-Guericke-Universität (OvGU) Magdeburg
Die Universität Magdeburg bietet im Maschinenbau und in der Fertigungstechnik zahlreiche Module und Forschungsprojekte an, die tribologische Aspekte behandeln. Das Institut für Maschinenbau sowie das Institut für Fertigungstechnik und Qualitätssicherung befassen sich mit Tribologie, insbesondere im Bereich der Werkstoffbearbeitung, Reibung und Verschleißschutz in industriellen Prozessen. Ein besonderer Fokus liegt auf der Simulation tribologischer Systeme und der Anwendung in der Automobilindustrie.

Hochschule (HS) Mannheim
Die Hochschule Mannheim bietet im Bereich des Ingenieurwesens und der Mechatronik praxisnahe Studienmodule, die tribologische Aspekte wie Reibung und Verschleißschutz behandeln. Die Hochschule hat eine starke Ausrichtung auf angewandte Forschung, die tribologische Fragestellungen auf industrielle Anwendungen überträgt; diesem Anspruch wird mit einem spezifischen Kompetenzzentrum Tribologie Rechnung getragen.

Technische Universität (TU) München
Die TUM hat ein starkes Forschungsnetzwerk im Bereich Tribologie, insbesondere in den Bereichen Maschinenbau und Werkstoffwissenschaften. Es gibt spezialisierte Module, die sich mit Reibung, Verschleiß und Schmierung befassen, vor allem im Masterstudiengang Maschinenwesen. Forschungsprojekte zur Tribologie werden am Lehrstuhl für Maschinenelemente, insbesondere bei der Forschungsstelle für Zahnräder und Getriebesysteme und anderen ingenieurwissenschaftlichen Instituten der TUM durchgeführt.

Universität Paderborn (UP)
Am Lehrstuhl für Konstruktions- und Antriebstechnik (KAt) werden tribologische Aspekte mit einem Anwendungsschwerpunkt bei elektromechanischen Antriebssystemen behandelt.

Universität Stuttgart (US)
An der Universität Stuttgart gibt es im Maschinenbaustudium und insbesondere in der Fahrzeugtechnik Vertiefungen zu tribologischen Themen. Das Institut für Maschinenelemente forscht im Bereich Tribosysteme und entwickelt Lösungen für den Verschleißschutz in der Automobilindustrie.

Westsächsische Hochschule Zwickau (WHZ)
Das Institut für Maschinenentwicklung (IfM) dient der Bündelung und Stärkung der Lehre, der Weiterbildung und der Forschung der Fakultät Automobil- und Maschinenbau der WHZ auf konstruktivem, mechatronischem und antriebstechnischem Gebiet. Am IfM gibt es ein eigenständiges Arbeitsgebiet zu Tribologie, Konstruktionstechnik und Betriebsstoffen.

Außeruniversitäre Forschungseinrichtungen
An einigen außeruniversitären Forschungseinrichtungen gibt es außerordentlich anspruchsvolle tribologische Kompetenzen. Hier seien exemplarisch die Fraunhofer-Institute IWM, IWS, IWU, IST, IFAM, IPT genannt.

Zusammenfassung

Die genannten Hochschulen sind in der Tribologie sehr aktiv, sowohl in der Forschung als auch in der Lehre. Viele dieser Forschungsstellen bieten Module und Vertiefungen im Maschinenbau, in Werkstoffwissenschaften oder Oberflächenphysik an, die sich intensiv mit Reibung, Schmierung und Verschleiß befassen. Wenn du speziell an tribologischen Themen interessiert bist, wirst du an diesen Universitäten viele Möglichkeiten finden, um dich mit aktuellsten Fragestellungen und Lösungen auseinanderzusetzen. (Siehe zu diesem Thema auch Praktikerporträt Mirjam Bäse in diesem Buch.)

- Karriere im Maschinenbau
- Die Zukunft im Maschinenbau

academics
https://www.academics.de/ratgeber/maschinenbau-berufsbild

Das Portal liefert einen Überblick über die vielseitigen Tätigkeiten von Maschinenbauingenieur:innen, über mögliche Arbeitgeber und Tätigkeitsfelder sowie über die Job- und Gehaltsperspektiven:

- Aufgaben: Was macht ein Maschinenbauingenieur oder eine Maschinenbauingenieurin?
- Maschinenbauingenieur: Arbeitgeber
- Fachgebiete im Maschinenbau
- Studium und Arbeit als Maschinenbauingenieur: Welche Voraussetzungen gibt es?
- B. A., Master oder Dr. Ing.: Welcher Abschluss ist im Maschinenbau sinnvoll?
- Gehalt und Aufstiegschancen für Maschinenbauingenieure

Studying in Germany
https://www.studying-in-germany.org/de/maschinenbau-studium-in-deutschland/

Auf dieser Seite werden die nach Meinung des Portals Top-5-Universitäten für ein Maschinenbaustudium in Deutschland vorgestellt.

Hochschulranking

Hier findet ihr einige Links zu Hochschulrankings für Maschinenbau und auch allgemein für Ingenieurwissenschaften. Hierbei ist zu beachten, dass sich die Rankings in ihrem Ansatz sehr stark unterscheiden. Es gibt Rankings, die die Forschungsleistung einer Hochschule bewerten, andere beurteilen danach, wie gut die Hochschule von den Studierenden bewertet wird. Außerdem findet ihr hier auch ein Ranking, das die Hochschulen danach bewertet, wie gefragt die Absolventen verschiedener Hochschulen bei Arbeitgebern sind. Jeder Ansatz hat seine Berechtigung, es lohnt daher unbedingt, mehrere Rankings zu vergleichen.

Maschinenmarkt
https://www.maschinenmarkt.vogel.de/das-sind-die-besten-hochschulen-fuer-maschinenbau-in-deutschland-a-216edc9dc8b277cd45db3c2906a203b6/

recepday
https://recepdayi.com.tr/de/top-10-der-besten-universitaten-und-fach-hochschulen-fur-ein-maschinenbaustudium-in-deutschland-2023/

Wirtschaftswoche
https://www.wiwo.de/erfolg/hochschule/hochschulranking-2023-das-sind-die-besten-hochschulen-fuer-maschinenbauer/29158132.html

Statista
https://de.statista.com/statistik/daten/studie/1461992/umfrage/ranking-der-universitaeten-ingenieurwesen/

Ingenieur.de
https://www.ingenieur.de/karriere/bildung/hochschule/absolventen-aus-aachen-und-muenchen-am-begehrtesten/

Scimagoir.com
https://www.scimagoir.com/rankings.php?sector=Higher+educ.&country=DEU&area=2200

Orientierungs-/Selbsttest für ingenieurwissenschaftliche Studiengänge

Solche Selbsttests unterstützen euch dabei, herauszufinden, welche Anforderungen zu Beginn des Studiums gestellt werden und wie gut die persönlichen Fähigkeiten und Neigungen mit dem gewünschten Studiengang übereinstimmen. Die Tests beinhalten Aufgaben zum logischen Denken, zu mathematischen Fertigkeiten, zum technischen Grundverständnis und der eigenen Motivation.

- Selbsttest der Technischen Universität Ilmenau: https://zib.tu-ilmenau.de/samb2020/
- SelfAssessment Maschinenbau der RWTH Aachen: https://assess.rwth-aachen.de/tm4_rwth/frontend/www/index.php?r=uberTest/view&id=9#:~:text=Herzlich%20willkommen%20beim%20SelfAssessment%20Maschinenbau,die%20wichtig%20im%20Studium%20sind

Studieren/Praktikum im Ausland

Hier findet ihr eine kompakte Zusammenstellung von Links, die das Thema Studieren/Praktikum im Ausland betreffen, also Infos zu Beratungsangeboten, Bewerbungstipps, Länderinfos, Kosten und Finanzierung, Förderprogrammen, Vermittlungsorganisationen, Versicherungen u. v. m. Ausführlichere Infos dazu siehe Abschnitt 2.5 in diesem Buch.

BMBF und DAAD – Studieren weltweit
www.studieren-weltweit.de

IJAB – Fachstelle für Internationale Jugendarbeit und Jugendpolitik
www.rausvonzuhaus.de

Arbeitskreis Wege ins Ausland
https://wege-ins-ausland.org/

Mein Auslandspraktikum
www.meinauslandspraktikum.de

Bundesagentur für Arbeit – Wege ins Ausland
https://www.arbeitsagentur.de/vor-ort/zav/wege-ins-ausland

AIFS Educational Travel
https://www.aifs.de/

BMBF – Ausland – Studium, schulische Ausbildung, Praktika
https://www.xn--bafg-7qa.de/SiteGlobals/Forms/bafoeg/weltkarte/weltkarte_formular.html

Auslandspraktikum mit ERASMUS+
https://eu.daad.de/infos-fuer-einzelpersonen/foerderung-fuer-studierende-und-graduierte/auslandspraktikum/de/46247-auslandspraktikum-mit-erasmus/

DAAD PROMOS – Programm zur Steigerung der Mobilität von Studierenden deutscher Hochschulen
https://www.daad.de/de/infos-services-fuer-hochschulen/weiterfuehrende-infos-zu-daad-foerderprogrammen/promos/

DAAD – Praktika im Ausland
www.daad.de/de/im-ausland-studieren-forschen-lehren/praktika-im-ausland/

DAAD – Broschüre Praktikum im Ausland
https://www.studieren-weltweit.de/content/uploads/2023/02/daad-praktikum-barrierefreiespdf.pdf

DAAD – Stipendien & Finanzierung
https://www.daad.de/de/im-ausland-studieren-forschen-lehren/stipendien-finanzierung/

DAAD-Stipendiendatenbank
https://www2.daad.de/ausland/studieren/stipendium/de/70-stipendien-finden-und-bewerben/?detail=57085132

ERASMUS-Programm
https://www.ef.de/erasmus/programm/

ERASMUS-Mundus-Katalog
https://www.eacea.ec.europa.eu/scholarships/erasmus-mundus-catalogue_de

Mit dem BAföG ins Ausland
https://www.xn--bafg-7qa.de/SiteGlobals/Forms/bafoeg/weltkarte/weltkarte_europa_formular

Erfahrungsberichte
www.studieren-weltweit.de/welt-erleben/
https://www.ieconline.de/erfahrungs-berichte

Jobbörsen für Ingenieur:innen

Hier findet ihr Links zu verschiedenen Jobbörsen, die einen besonderen Schwerpunkt bei Stellenangeboten für Ingenieure habe. Darüber hinaus lohnt es sich natürlich auch, die bekannten allgemeinen Jobbörsen zu besuchen.

- https://jobs.ingenieur.de/
- https://www.ingenieurcenter.de/
- https://stellenmarkt.faz.net/jobsuche/ingenieur
- https://www.ingenieur24.de/
- https://www.stepstone.de/jobs/maschinenbau?searchOrigin=Homepage_top-search

Gehälter/Verdienstmöglichkeiten für Maschinenbauingenieur: innen

Abschließend einige Webseiten, auf denen man sich einen ersten Eindruck über Einstiegsgehälter und Verdienstmöglichkeiten in der Maschinenbaubranche verschaffen kann:

Entgeltatlas Bundesagentur für Arbeit
https://web.arbeitsagentur.de/entgeltatlas/beruf/58731

Maschinenbauingenieur Gehalt
https://www.ingenieurwesen-studieren.de/gehalt-maschinenbauingenieur/

Gehalt und Aufstiegschancen für Maschinenbauingenieure
https://www.academics.de/ratgeber/maschinenbau-berufsbild#subnav_gehalt_und_karriereperspektiven

Was verdient ein Maschinenbauingenieur
https://www.get-in-engineering.de/magazin/gehalt/gehalt-maschinenbauingenieur

Maschinenbauingenieur/in Gehälter in Deutschland
https://www.stepstone.de/gehalt/Maschinenbauingenieur-in.html

Wie viel verdient man als Maschinenbauingenieur
https://www.jobvector.de/gehalt/maschinenbauingenieur/

Index

Arbeitsmöglichkeiten 14, 49, 164
Auslands-BAföG 43, 46
Auslandspraktikum 43
Auslandssemester 40
Auslandsstudium 31
Austauschprogramme 40
Automotive 50

Bachelor of Engineering (B. Eng.) 35
Bachelor of Scince (B. Sc.) 35
Bachelorarbeit 37
Bachelorstudium 36
Berufsbegleitendes Studium 30
Brückenkurs 33

CE-Konformitätserklärung 95

Deutscher Akademischer Austauschdienst (DAAD) 39, 42, 45 f.
deutscher ingenieurinnenbund (dib) e. V. 129
Digitalisierung 19
Diplomarbeit 34
Diplomstudium 33
Duales Studium 29, 110

E-Achsantriebe 92
Energiewende 18
ERASMUS 42, 46
Exporte 13

Fachhochschulen 27, 101
Federntechnik 113
Fernstudium 30
Förderprogramme 41
Frauenanteil 17, 129
Freemover 40

Gaststudium 32
Gehalt 17, 165
Gesellschaft für Tribologie e. V. 144
Grundstudium 34

Hauptstudium 34
Hochschularten 26
Hochschulranking 161
Homologation 104

Industrie 4.0 19
Ingenieurpraktikum 34, 37

Jobaussichten 17
Jobbörsen 164

Landmaschinenbau 108

Maschinenbauunternehmen 12
Master of Engineering (M. Eng.) 35
Master of Scince (M. Sc.) 35
Masterstudium 37
Masterthesis 38
MEMA-Netzwerk 132

Nachwuchsstiftung 139
Numerus clausus (NC) 35

Orientierungsstudium 36
Orientierungstest 16, 36, 159, 162
OWL Maschinenbau e. V. 126

Power-to-X 67
Präsenzstudium 28
PROMOS-Programm 46

Regelstudienzeit 35 f.

Schadenuntersuchung und -forschung 58

Schienenfahrzeugbau 54
Schlüsselqualifikationen 16
Schmierstoffindustrie 141
Sondermaschinenbau 99
Studienformen 28
Studienplatzsuche 159

Teilzeitstudium 29
Tribochemie 150
Tribologie 71, 142, 144, 146, 149

Umwelt- und Klimaschutz 18

Verein Deutscher Werkzeugmaschinenfabriken e. V. 138
Vorbereitungskurs 34 f.
Vordiplom 34
Vorpraktikum 36
VSI Verband Schmierstoff-Industrie e. V. 141

Wahlpflichtmodule 36
Werkzeugbau 90
Werkzeugmaschinenindustrie 138

Zulassungsbeschränkungen 35
Zulassungsvoraussetzung 33, 36 f.

Quellenverzeichnis

1 Statista (2024) Statistiken zum Msaschinenbau. URL: https://de.statista.com/themen/256/maschinenbau/#editorsPicks

2 Dusold, J., Ringel, A. (2023) Deutscher Maschinenbau-Gipfel. URL: https://www.produktion.de/veranstaltungen/deutscher-maschinenbau-gipfel/rekord-teilnahme-der-maschinenbau-gipfel-2023-in-bildern-442.html

3 Eigene Darstellung nach Statistisches Bundesamt (2025), zitiert nach de.statista.com. URL: https://de.statista.com/statistik/daten/studie/173637/umfrage/branchenumsatz-des-maschinenbaus-in-deutschland-nach-sektoren/#statisticContainer

4 datenmarkt.de (2023) Anzahl und Statistik der Maschinenbauunternehmen in Deutschland. URL: https://www.datenmarkt.de/anzahl-statistik-maschinenbauunternehmen-deutschland/

5 Poll, D. (2024) Umsatzranking. Das sind die Top-10-Branchen im deutschen Maschinenbau. URL: https://www.produktion.de/wirtschaft/das-sind-die-top-10-branchen-im-deutschen-maschinenbau-781.html

6 datenmarkt.de (2023) Anzahl und Statistik der Maschinenbauunternehmen in Deutschland. URL: https://www.datenmarkt.de/anzahl-statistik-maschinenbauunternehmen-deutschland/#Verteilung_Maschinenbau_Gr%C3 %B6 %C3 %9Fe

7 VDMA (2024) Eckdaten des Maschinenbaus in der EU. URL: https://vdma.org/maschinenbau-zahl-bild

8 dima (2022) Deutsche Maschinenexporte 2022. URL: https://dima-magazin.com/werkzeugmaschinen/deutsche-maschinenexporte-2022/#:~:text=Die%20Maschinenexporte%20aus%20Deutschland%20in,von%20insgesamt%2043 %2C9 %20 Prozent

9 Statista (2024) Export- und Importwert von Maschinenbauerzeugnissen aus und nach Deutschland in den Jahren 2001 bis 2023. URL: https://de.statista.com/statistik/daten/studie/36383/umfrage/import-und-export-im-maschinenbau-seit-1999/

10 Statistisches Bundesamt (2024) Wichtigstes deutsches Exportgut 2024: Kraftfahrzeuge. URL: https://www.destatis.de/DE/Themen/Wirtschaft/Aussenhandel/handelswaren-jahr.html

11 VDMA (2024) Eckdaten des Maschinenbaus in der EU. URL: https://vdma.org/maschinenbau-zahl-bild

12 Eigene Darstellung nach Statistisches Bundesamt (2024) Wichtigstes deutsches Exportgut 2024: Kraftfahrzeuge. URL: https://www.destatis.de/DE/Themen/Wirtschaft/Aussenhandel/handelswaren-jahr.html#:~:text=Kraftwagen%20und%20Kraftwagenteile%20waren%20im,vergangenen%20 Jahren%20Deutschlands%20wichtigste%20Exportg%C3 %BCter.

13 Eigene Darstellung nach Neitzel, D. mit Daten von Destatis (2025) So viel Umsatz machten die Sektoren im Maschinenbau. Technik+Einkauf. URL: https://www.technik-einkauf.de/einkauf/deutscher-maschinenbau-umsatz-sektoren-werkzeugmaschinenbau-antriebstechnik-foerdermittel-224354-170.html

14 VDI e. V. und Institut der Deutschen Wirtschaft e. V. (Hrsg.) (2025) VDI-/IW-Ingenieurmonitor. URL: https://www.vdi.de/ueber-uns/presse/publikationen/details/vdi-iw-ingenieurmonitor-3-quartal-2024

15 Zeitler, M. (2024) Berufsfelder und Tätigkeitsbereiche für Maschinenbauingenieur:innen. URL: https://www.academics.de/ratgeber/maschinenbau-berufsbild

16 TarGroup Media GmbH (2023) Ingenierwesen studieren – Maschinenbauingenieur Gehalt. URL: https://www.ingenieurwesen-studieren.de/gehalt-maschinenbauingenieur/

17 Lamkemeyer, T. (2025) Was verdient ein Maschinenbauingenieur? URL: https://www.get-in-engineering.de/magazin/gehalt/gehalt-maschinenbauingenieur

18 Lamkemeyer, T. (o. J.) Frauen im Ingenieurwesen? Keine Scheu vor der vermeintlichen Männer-Domäne! URL: https://www.get-in-engineering.de/magazin/arbeitswelt/arbeitsmarkt/frauen-im-ingenieurwesen

19 Klinkusch, J. (2022) Branchenprofil Maschinenbau in Deutschland: Stirbt der Klassiker aus? URL: https://www.ingenieur.de/karriere/branchenprofile/maschinen-und-anlagenbau/#zahlen; https://www.gffz.de/gender-in-die-lehre-der-mint-faecher/faecher-studienbereiche/maschinenbau-verfahrenstechnik/fachgeschichte-und-fachkulturen/bedeutende-frauen-im-maschinenbau/

20 Statistisches Bundesamt (Destatis) (2022), Pressemitteilung Nr. 269 vom 28. Juni 2022. URL: https://www.destatis.de/DE/Presse/Pressemitteilungen/2022/06/PD22_269_325.html

21 Umweltbundesamt (Hrsg.) (2020) Die Umweltwirtschaft in Deutschland. Entwicklung, Struktur und internationale Wettbewerbsfähigkeit. URL: https://www.umweltbundesamt.de/sites/default/files/medien/1410/publikationen/2020-01-23_umweltwirtschaft_in_deutschland2019_final_online.pdf

22 Bundesministerium für Wirtschaft und Klimaschutz/Bundesministerium für Bildung und Forschung (o. J.) Was ist Industrie 4.0? Menschen, Maschinen und Produkte sind direkt miteinander vernetzt: die vierte industrielle Revolution hat begonnen. URL: https://www.plattform-i40.de/IP/Navigation/DE/Industrie40/WasIndustrie40/was-ist-industrie-40.html

23 Bitkom (2022) Industrie 4.0 sorgt für mehr Nachhaltigkeit in der Produktion, Presseinformation vom 24.5.2022. URL: https://www.bitkom.org/Presse/Presseinformation/Mehr-Nachhaltigkeit-in-Produktion-durch-Industrie-40#_

24 Link zur Studie: https://www.iwkoeln.de/fileadmin/user_upload/Studien/Gutachten/PDF/2020/na_daad_iw-wirkungsstudie_2019_kurzfassung__003_.pdf

25 Zentrale Auslands- und Fachvermittlung (ZAV) (Hrsg.) (2022) In die Ferne, fertig, los: Dein Weg ins Auslandspraktikum. URL: https://wege-ins-ausland.org/wp-content/uploads/Broschuere_Auslandspraktikum_2022.pdf

26 ebda.

Bildrechte

S. 9 https://stock.adobe.com/de/images/mechanical-drawings-of-high-precision-parts/1022944522
Tetiana Kasatkina – stock.adobe.com

S. 23 https://stock.adobe.com/de/images/steuergerat/14304255
roadrunner – stock.adobe.com

S. 47 https://stock.adobe.com/de/images/close-up-of-a-conveyor-belt-of-an-automobile-parts-manufacturing-plant-machine-building-factory/1093017707
SnowElf – stock.adobe.com

S. 123 https://stock.adobe.com/de/images/stahl-auf-einem-coil/10297134
jayrb – stock.adobe.com

S. 157 https://stock.adobe.com/de/search/images?k=turbine&search_type=usertyped&asset_id=160949550
industrieblick – stock.adobe.com